做一个温柔坚定的女子
不委屈，不妥协

黑白格的时间——著

天津出版传媒集团
天津人民出版社

图书在版编目（CIP）数据

做一个温柔坚定的女子：不委屈，不妥协 / 黑白格的时间著. — 天津：天津人民出版社，2019.3（2020.6 重印）
ISBN 978-7-201-14578-5

Ⅰ. ①做… Ⅱ. ①黑… Ⅲ. ①女性—人生哲学—通俗读物 Ⅳ. ①B821-49

中国版本图书馆CIP数据核字（2019）第038091号

做一个温柔坚定的女子：不委屈，不妥协

ZUO YI GE WEN ROU JIAN DING DE NV ZI：BU WEI QU，BU TUO XIE

出　　版　天津人民出版社
出 版 人　刘　庆
地　　址　天津市和平区西康路35号康岳大厦
邮政编码　300051
邮购电话　（022）23332469
网　　址　http: //www.tjrmcbs.com
电子信箱　tjrmcbs@126.com
责任编辑　刘子伯
印　　刷　大厂回族自治县德诚印务有限公司
经　　销　新华书店
开　　本　880×1230毫米　1/32
印　　张　6.5
插　　页　0
字　　数　150千
版次印次　2019年5月第1版　2020年6月第2次印刷
定　　价　36.80元

目　录

第一章　结婚不是任务，你不必急于达标

知性剩女，是能在年龄的围墙里自由穿梭，能把信奉凡世俗语的人群打趴在地，再高高昂着头傲视群芳的勇者。单身不要怕，这是你寻找幸福的过程。

第二章　婚姻不是战场，无须争个输赢

婚姻不是爱情的坟墓，而是另一段爱情的开始。婚姻内的男女不分输赢，只论成长。

第三章　有效破解生活矛盾点，攻守有道

现实不完美，生活也能美满，只要对婚姻存有敬畏之心，对彼此存有珍视之心，就能够化困境为顺境，破解矛盾，事半功倍。

第四章　看透现实，谁的底线都是高压线

高压线的真正目的不是要电死别人，而是要警醒自己。承受伤害，不如远离伤害。你不对自己心狠，就别怪别人对你下狠手，困境是牢笼，也是新生的起跑线。

第五章　女人“缝补”婚姻，有智慧才幸福

婚姻如衣服，也需要缝补，照顾四面漏风的心。幸福是你要先懂得，才能切身体会。智慧是你要先修炼，才能百炼成钢。

第六章　风骨罩前程，请先清楚自己的价值

我们要用初入人世的惊喜，重新看待这个世界，做个对自己有分寸感、有责任感、有仪式感，不管何时都能明白自己哪里受了伤，在灵魂深处为自己疗伤的智慧女子。

第七章　守护自己的幸福，与委屈妥协绝缘

我们还来得及认真地年轻，守护自己的幸福，不辜负春花秋月，不辜负高堂明镜，不辜负鸿鹄之志。你的骄傲你留着，你的幸福你守着。谁也抢不走的东西，才会永远属于你。

结婚不是任务，你不必急于达标

“剩女”变“圣女”，你也可以光彩夺目

28岁的阿雅曾遭遇了逼婚恶战，她步步后退，亲人连连进攻，她退无可退，只好被亲人的舆论捆绑手脚，不情愿地被押着去参加各种奇葩的相亲大会。

博士、硕士、本科、专科、技校，随着她年龄渐长，男方的学历、收入一降再降。如果只是看不对眼，扭头走人便是，可现在的相亲男往往太过傲娇，招惹得阿雅心情总是不爽。

好几次，阿雅跟相亲男刚在咖啡厅落座，对方就直奔主题：“看得上就冲着结婚去，看不上直说，我后面还有其他安排，你我岁数都不小了，没必要磨磨叽叽。”

阿雅心想：“你衬衣领子油乎乎的，脖根上的深红吻痕还在，对服务员大呼小叫，晃动的二郎腿有意无意地碰到我脚踝，你叫我怎么看上你？”

当听到对方口口声声地说自己已跨入“剩女”的行列，不过脸

蛋、身材、学历、家世都不错，问要不先处处再说，阿雅气愤地站起来，朝桌上拍张红色钞票，大骂一声：“处你个大头鬼！”

明明对方糟糕透顶，可每次回到家，阿雅却总被家人数落，“丫头，你年龄不小了，别再挑了，差不多得了”。她听着唠叨声，低头不语，脸色阴郁。

等她下定决心，跟父母提及第十三次相亲的那个男人，要不再谈谈？父母一番欢喜，再联系，人家已经订婚了，女方条件比阿雅强多了。

阿雅惊愕，那个五短身材、说话颠三倒四的胖男人，这么快就被别人预定上了！老天，这都是怎么了？“剩女”这个一贯被女性避之不及的标签，真的能让人自降身段，惶恐贱嫁吗？

阿雅心中苦闷，生理期失调，脸色蜡黄，终日眉头紧锁，做什么也提不起精神。休假在家时，她翻看表姐的微信朋友圈记录，自拍、美食、美景、出国培训、朋友聚餐、参加自行车环游赛……30岁的单身表姐，还去练肚皮舞，跳得也是有模有样。

一个人，日子照样过得活色生香。

阿雅问表姐：“为什么不着急？”

表姐不假思索地回复：“原来我也很焦虑，现在想明白了，对，我们是‘剩下’了，但是自己主动选择的‘剩下’，是因为暂时没找到能让我心甘情愿‘脱单’的好男人。那些男人自己不优秀，却怪我们不凑合，我们挑一挑、等一等，有错吗？

知性剩女，是能在年龄的围墙里自由穿梭、能把信奉凡世俗语的人群打趴在地，再高高昂着头傲视群芳的勇者。

不要嘲笑她们，90%的剩女不是没人要，而是拒绝了90%的人。《欢乐颂2》中的安迪说过，追求纯粹爱情的就是剩女，追求房子、车子，反而正常，那我真搞不懂现在人的思想了，如果真是这样的话，我情愿当剩女，起码我剩得理直气壮。

让我们降价、打折、大促销，好像谁都可以直接领回家。我要的是有爱的婚姻，而不是一个婚姻的名义。

只要你足够优秀，你值得拥有更好的生活，遇见喜欢的人，何必急于一时？急于一时的人，往往败于一世，选择适合自己的男人，找到让自己舒服的婚姻生活才是最关键的，晚些又何妨？”

表姐大学毕业后，从不闲着，工作上认真踏实又上进，因此得到了升职、加薪和领导重视；生活中悠闲、精致、有情趣，健身、瑜伽、旅行；她还学习了心理学，考证、交友、帮别人答疑解惑。

她不骄不躁，不慌不忙，不张扬也不落寞，早已活出自己期待的模样。

阿雅表姐身边很多同龄朋友也常被家人逼婚，于是纷纷向她取经。

她会给她们转发一段视频——舒淇主演的《剩女为王》中父亲的那段五分钟独白：“……她不应该为父母亲结婚，她不应该在外面听什么风言风语，听多了就想着要结婚；她应该想着跟自己喜欢的人白头偕老，昂首挺胸的，特别硬气的，憧憬的，好像赢了一样。有一天就突然带着男方出现在我面前，指着他告诉我说，爸，你看，我找到了，就这个人，我非他不嫁……”

表姐说：“父母不是逼着你随便找个人嫁了，结婚、生子，吵闹、离婚，看着你在最初无奈的被动选择里沉沦。现实中，太多的父母不善表达，他们真正的内心不是想强推你出家门，把你硬塞给一个男人，而是希望你能幸福，希望你能享受到婚姻的幸福。

他们担心你岁数大了，一个人孤单，一个人落寞，一个人伤心，一个人把整个午夜电影看完，醒来还是一个人。他们只是希望能再多个人关心你，爱护你，疼惜你。假如对方没有十二分地疼你，你胡乱找个男人进门，到最后关头，他们也不会让不懂你、不爱你的男人随随便便就把你接走。不信，你就试试！”

父母小心隐藏着内心的焦虑，是因为害怕你看到他们的担心。表面的催婚只是想提醒你，提醒你要去准备，要去观察，要去辨别，要去寻找，而不是把自己贱卖！

你一个人照样过得鲜活无比，不孤单、不寂寞、不焦躁。既能照顾自己，还能提升自己，有气质、有修养、有技能、有经济保障，谁会逼你把自己凑合着打发出去?

你是“剩女”怎样? 你是“黄金剩斗士”怎样? 你是“齐天大剩”又怎样? 只要你过得好，嫁与不嫁，怎么嫁，嫁给谁，如何嫁，谁能管得着?

在一场场逼婚恶战中，请明白自己真正想要的是什么？是过度挑剔、任性骄纵，还是怯懦犹豫、惶恐不安，被世俗的冷言冷语所伤，对姗姗来迟的缘分失去了耐心。

不要怕单身，这是你寻找幸福的过程。能在单身状态照顾好自己的女孩，通常状态都很好，因为敢想，敢干，敢追梦。

现实中，很多步入28岁门槛的女性朋友不是在结婚的路上，就是在准备结婚的路上。熬不住现实“逼婚”的苦，又怎能潇洒接受“心态”摆正后的甜。

不要妄想通过“降低要求”来速速攻破“婚姻”的大门，切记，这永远不是最佳出路。唯有修炼筋骨，提升自我，强大内心，才能站在人生舞台的制高点，活得潇潇洒洒，而不是垂头丧气。

“剩女”这个伪命题，自我解惑最重要。

表姐一番话彻底使阿雅清醒了。

阿雅决定撕掉心中惶恐不安的“剩女”标签，做个“高颜值、高学历、高收入”的三高精英女。

现在的阿雅积极行动起来，也获得了不俗的成绩，脱胎换骨的她再也不去参加什么相亲大会，因为身边优秀的男士早已排成了队，任她挑选。

网上有这样一种观点：“剩女”是社会幸福感的体现，随着社会的发展，“剩女”越来越多，体现了女性在当今社会的自尊、自信和对于个人价值的执着追求。社会应该尊重个人对生活的选择，每个人都有权选择自己觉得最开心、最舒服的生活方式，不应该用传统的观念来评价别人的选择。大龄“剩女”不是剩，是对感情的要求比较高，比较看重婚姻价值，看重自己的选择。

阿雅看后，会心一笑，在文章下面狠狠地点了个赞。

王安忆在《长恨歌》中写道：“她扮错了角色，起首一句错了，全篇都是错，信心是错，希望也是错。”“剩女”这个角色有太多人扮演，定位不准，什么都是错。

“剩女急嫁”本就是一个伪命题，知道自己要什么、怎么做，这才是优秀的当代女性该面对的课题。

无论何时何地，结婚都不是硬性指标，别着急完成任务。

“剩女”只是舆论标签，不是精神负累。

嫁错和不嫁，哪个付出的代价更大，明白人，想想都知道！

别用他人圆满的婚姻来鞭策自己，从而铺就艰辛坎坷的末路，如果到那个时候，再美的美人也得脱皮三层。总之，找个自己喜欢的人再嫁，多等等，好饭不怕晚。是喝一碗甜到心里的红枣莲子羹，还是喝一口凉飕飕的西北风，傻瓜都知道怎么选。

现在的“剩女”变“圣女”，只要你光彩夺目，不怕不会晃瞎男人们的眼。

“暧昧”不是“爱情”，别贪杯

什么是暧昧?

暧昧就是霸占着你的现在，又不给你未来。

一年前，朋友孟瑶相恋五年的男友劈腿新来的女下属，“乱花从中过，片叶不沾身”“柳下惠坐怀不乱”的故事看来只能听听。

大龄、单身、失业女青年孟瑶在滂沱大雨中哭得稀里哗啦，她的爱情季节一下子从春暖花开变成了寒冬腊月。

她暗暗发誓:“我一定要找一个比他好十倍、百倍、千倍、万倍的好男人，气死那个负心汉。”

没过多久，我们经常看她在朋友圈发口红、香水、化妆品、包包之类的图片，说那个“他”送的礼物自己真心喜欢！谢谢你！么么哒！

我们这帮朋友猜测她已抚平伤痛，开始了新生活，为她高兴之余，也不忘多次催促她快点把那个“神秘人”带到公众面前亮亮相，好让姐妹们帮忙把把关。如此直白的催促，总被她挡回来，“他太忙了，实在抽不出时间，下次，下次一定带他来。”

“下次”真是一个极佳的借口，我们等来等去，等来的不是孟瑶“爱情花开”的惊喜，而是“暧昧男不知廉耻”的惊吓！

对方是孟瑶朋友的朋友，得知她失恋的消息，便经常给她打电话嘘寒问暖，寄送小礼物，扮演“男闺蜜”，24小时手机为你开机，充当你“忠实的情感垃圾桶”的舞台角色。

当时的孟瑶正处于情感空窗期的焦灼状态，四处吆喝朋友们给介绍单身、帅气、多才多艺的帅哥，可现实是“好的都被人霸占了，吃得一干二净，剩下的都是渣渣！”

稍微看着顺眼点的男人，她也接触过几个，可每次在咖啡馆，她看着对面男人嘴巴一张一合，却什么也听不见。她使劲摇摇头，感觉耳朵肯定是被什么东西给堵住了，就像有时她不开心喝酒时，一口烈酒会突然从胃里反上来，卡在嗓子眼里，自己只能喘着细若游丝的呼吸，瘫在前尘破烂事的“车祸”现场，动弹不得。

她知道，那是心里的委屈藏不住了。

她说：“那个时候，我太需要有个男人夸我年轻，夸我漂亮，夸我懂事。哪怕只是敷衍了事的虚伪花招，也能让我这颗失落的心得到一丝丝安慰。最起码能证明我还是有人喜欢的，有人爱的，有人关心的，有人呵护的。证明自己不是一个没人要的老女人。老女人，这个字眼真够恶毒的！”

事实证明，结束一段感情需要抽掉女人十分的气力，可开始一段感情，有时只需要女人半分的好感。用“证明被爱”的心态追赶爱情的末班车，难免会让自己受“二茬罪”。

孟瑶错误的小心思、急于求成的危机感，害自己成了恋爱小白痴，情商为零的大傻瓜，遭遇心机男长达一年的假爱情、真暧昧套路，却浑然不知。

男人心思缜密，乘虚而入，在与孟瑶最初的小试探后，慢慢开始在微信上给她发鲜花，抱抱，亲亲，“照顾好自己”“我想你了，你想不想我？”这些意味深长的话。

时间长了，男人撩拨的意思越来越浓，孟瑶有点招架不住了。

孟瑶是个心思单纯的女孩，以为男人真的喜欢自己，虽然没有说透，但意思到了。对男人有好感的孟瑶单方面默认了这是一段值得开始的新恋情，便常与对方视频聊天，寄送礼物，得知对方身体不舒服，还专门乘车去千里之遥的城市探望他，温柔贴心地洗衣做饭，提供女朋友角色的周到服务。

不仅如此，男人应酬多，好面子，穿着讲究，孟瑶还会省吃俭用给他买价值不菲的西装、领带、手表，就差没把工资卡双手奉上。

男人也会表示感激，感激的方式无外乎甜言蜜语，但从不愿公开两人的关系。总是敷衍地说，恋爱是我们两个人的事，与别人无关。孟瑶三番两次地试探，在男人那儿都得不到确切回复，忽冷忽热、忽近忽远的男人让孟瑶心力交瘁，多次提出分手。

男人又会主动过来道歉，说我错了，说我离不开你，说我还是爱你的。

进进退退，分分合合，直到孟瑶偶然发现男人手机里未来得及删除的信息，才知道自己无非是男人的第N个暧昧对象。

原来他所有借口背后的潜台词无非是：

你是我情感低潮期随叫随到的垃圾桶；

你是我消磨无聊时光的“备胎女”；

你是我炫耀身价时陪衬的花瓶；

你是我可有可无的小情趣；

……

暧昧者就是把你撩拨得心痒痒时，他再准点下班，说声抱歉。原来，在这段关系中自己只是钟点工。

在暧昧不清的关系中，男人只有占有，却从不提“责任”二字，这就是“暧昧男”的真实面目。

女孩子一定要学会辨认真爱和暧昧、真心和假意。无论何时，都千万不要自作多情，男人要是真心喜欢一个人，从眼睛里、从言行中就能看得真切。他恨不得拴着你，眼睛里只有你，他的世界里只有你。

记住，他和你玩暧昧就是不够喜欢你，不够喜欢的占有就是一种赤裸裸的欺骗。

《河东狮吼》中张柏芝饰演的柳月娥有段经典台词，“从现在起，你只许对我一个人好，要宠我，答应我的每件事，你都要做到，对我讲的每句话都要是真的，不许骂我，要关心我，别人欺负我，你要在第一时间出来帮我。我开心时，你要陪我开心；我不开心时，你要哄我开心。永远觉得我是最漂亮的，梦里，你也要见到我，在你心里只有我。”

古天乐饰演的陈季常回应她，“从现在开始，我只疼你一个，宠你，不会骗你。答应你的每一件事情，我都会做到；对你讲的每一句话，都是真话。不气你、不骂你，相信你。有人欺负你，我会第一时间出来帮你。你开心的时候，我会陪你开心；你不开心，我也会哄得你开心。永远，都觉得你最漂亮；做梦，都会梦到你；在我心里，只有你。”

瞧见没有，真爱中你就是我的唯一，不是唯一的爱，一定要趁早放手！

别被他人玩了备胎暧昧的把戏，伤心落泪后，还被对方嘲讽成好笑至极的小丑。

生活中这种渣男很多，你在哭，别人在笑，想想就让人无比抓狂、恼火！

涂磊早就说过：“作为女人，要么就谈恋爱结婚，要么就高傲地单身，不要用自己的青春去调教别人未来的老公，还那么认真。”

早日看清暧昧者的真面目，只要你一认真，他们终将无所遁形，无处可逃。

小伎俩大伤害，请从一开始就要看破暧昧者低劣的把戏，别让自己一时身暖，心受重伤。

切记，你做到眼中不揉沙，渣男才会望而却步。

如果真的敢撩你，你也敢一拳头怼过去，朝对方晃晃拳头说，瞧见没有，姑娘可不是吃素的！

做你想做的事，你才能找到幸福感

大羽救助流浪小动物是秘密的，是瞒着家人的。

因为救助小动物，男友与她分手，说不能接受自己的女朋友与脏兮兮的猫狗做伴，说出去丢人。

她欣然接受，摆摆手说，好走，不送。

她的朋友圈经常看到这样的消息："来福，金毛公子一枚，半岁。由于人为恶意虐待导致双后肢伤残，经过一段时间的治疗和手术，效果不明显，后半生需要轮椅助行。请好心人来报名领养，我代来福谢谢大家了。"

"它叫星星，陪伴原来的主人8年之久，由于眼睛出现问题，需要高额的费用，就算实施救治，失明的概率也极高。得知这个情况，狠心的主人把它丢弃在宠物医院就消失了。我刚好去办事，听到医生说要给星星实施安乐死，于心不忍提出了救治，自掏腰包的救治。"

"现在它很好，还有一只眼睛可以看得见，很乖，很黏人。可没有人领养也找不到地方安置，真愁死人。如果有人能照顾它，每月我可以出一定的寄养费。请好心人帮我转发一下，不后悔救它，不后悔花钱做手术，只担心没有一个好心人能陪它走完余下的路。"

……

每次翻到大羽的消息，我总是看得很认真，生怕遗漏什么，生怕我把哪只小猫、小狗的名字记错。

我有心参加大羽的救助活动，问她："你加入的是哪个爱心组织？告诉我，我也想加入。"

她告诉我："姐，不用，只要你多关注街边无家可归的小动物就好了，哪怕只是给它们送一点馒头，哪怕只是用残砖断瓦给它们搭一个临时的小窝，哪怕只是把受伤的它们从马路上抱到安全的地方，哪怕……"

她说了很多，我都记在心里并默默付诸行动。

我曾看过一篇报道：澳大利亚极限马拉松选手Dion Leonard 报名参加2016年的4天沙漠比赛。比赛全程240千米，在中国的戈壁沙漠举行。第二天，一只流浪狗出现了，小狗和他一起跑进了帐篷，睡在他旁边。奇特的组合就这样出现了，他陪着它，它也陪着他，直到他们一起跑了124千米，跑过全程的终点线。

在这个过程中，Leonard 为小狗准备水和食物，在它跨不过赛道障碍时帮它，在经过河流时抱着它。这个后来被取名为"戈壁"

的小狗，会在前面停下来等着陪它跑步的这个男人，会朝他摇尾巴，会朝他亲昵地汪汪大叫。

只是一场活动，是活动就有结束的时候，可他们之间的感情却没有结束。最后Leonard 决定要把“戈壁”带回自己苏格兰的家，万里之遥，高额的费用没有难倒这个男人，经过多方帮助，他做到了对“戈壁”的承诺。

人与动物也会偶遇，遇到了就会彼此惦念。大羽也曾遇到过一只保护自己的小狗。

大羽刚开始工作时，下半夜回家的路上总会遇到一只小小的流浪狗，跟在她身后。她自小怕狗，为了躲避小狗，大羽把随身带的饼干、火腿肠全扔给了它。接下来的日子，每次下夜班的大羽总会被那只黄色的小狗偷偷跟着，不离不弃，你走快它走快，你停下来它蹲下来。

大约一个月后，在一个月黑风高之夜，大羽在黑漆漆的胡同里遇见抢劫的恶人，大喊“救命”时，没想到那只小狗从黑暗里蹿了出来，撕咬起恶人的裤腿。恶人抬起一脚，把小狗踢飞，小狗又爬起来扑上去，恶人又踢一脚，小狗再爬起来冲过去，再度被踢开，一次一次又一次，毫不畏惧，直到把恶人吓跑。

从那以后，大羽便收留了小黄，小黄又长成大黄，正当年的大黄有了漂亮的媳妇，那是大羽收养的另一只无家可归的流浪狗。

大羽说，人与人需要太多的语言沟通，需要解除误会，需要为自己辩解，需要为自己讨要一个自认为公平的说法。可人与动物之间有时并不需要借助“语言”的介质，一个眼神，一个动作，便可以进行一场无言的情感交流。因为你心中有温柔的触碰点，只消一个机缘，自会让它爆发。

一个人，两条狗，大羽说她很幸福。

幸福感是一种能让大爱生根发芽的灵丹妙药。

我发现原来很多时候，人本身隐藏的温柔临界点是需要外界“刺激的”，需要针挑一下、扎一下，我们才能把冷漠的外衣卸下，换上一副腻死人的温柔相。

大爱无疆，上善若水。

雨果曾毫不犹豫地说过：“善良的心就是太阳。”有大爱的人自然浑身能散发出光芒，照亮黑暗，也穿透阴霾，真正的爱是没有地域、种族、物种的界限的。

心中有爱，你的一举一动才会在需要你的人、动物、植物的心里，化成旭日东升、艳阳高照，暖意融融的天空，再大、再厚、再坚硬的冰层都能被融化。

大羽抱着小猫小狗的时候最美，很有爱的感觉，能感觉到她很幸福。

草原上有一对狮子母子，小狮子问母亲：“妈，幸福在哪里？”

母狮子说：“幸福就在你的尾巴尖上。”

于是，小狮子不断追着尾巴跑，但始终咬不到。

母狮子笑道:“傻瓜！幸福不是这样得到的。只要你昂首向前走，幸福就会一直跟随着你。”

做你想做的事，你才能找到幸福感。

幸福在哪里?

只要你昂首向前走，你的幸福自然会跟上，如影随形，你若不离，它必不弃。

婚姻不是战场，无须争个输赢

我的婚礼我做主，我的幸福我守护

每个女孩心中都有一场梦幻婚礼。

“我的婚礼我做主”，这不是口号，是原则。

刚领完结婚证的阿糖跟老公商量婚礼的事情。

男人搂着阿糖的腰，浅笑着说：“婚礼，我爸妈都已经安排好了，绝对够体面、够排场，不会让你和你家人跌面子的。”

阿糖挣脱出老公的怀抱，急忙说：“婚礼只是形式，我们的婚礼不需要一场盛大的证明，劳神劳力又伤财，根本没必要。只要够特别，值得你我铭记一辈子就可以！花无谓的钱，不如我们结婚后好好经营家庭，孝敬父母，做点自己该做、想做的事。你说对不对，老公？”

男人深有同感，使劲点点头。

阿糖跟我聊过，她认为，在一场形式如同结婚秀的婚礼上当傀偏模特，累得半死不说，还被人灌酒、吹香槟、跟背台词似的讲恋爱史，想想都没意思。再加上耳边总能听见这样的声音：“这个场景我们见过，这句台词我们听过，这个场地我们用过，这个司仪我们请过……实在太无趣了。”嗯，确实太无趣了。

阿糖是一个有趣的人，她有个性，追求自我，不虚伪；有爱心，感恩家人，又深爱着谈了四年恋爱的男友。

她一直认为，爱情是美好的，婚礼是珍贵的。既然珍贵，那么在自己的婚礼上一定要留下令两人印象最深刻的瞬间。这个瞬间，不是发生在封闭的酒店、嘈杂的人群中，她要的是，在这个有特殊意义的日子里，一起去完成两人的共同心愿，在那一刻，心与心融为一体，男人说：“嫁给我吧”，女人毫无保留地说句“我愿意”。

一个月后，我收到阿糖发来的视频，两个相爱的年轻人到外地自驾游，每到一个地方都种下一棵树，说这是爱的旅途，要播种爱的树苗。不仅如此，他们一路走，一路播撒爱心，去贫困地区看望留守儿童和孤寡老人，一起爬山、一起探险、一起横渡、一起啃西瓜、一起吃烤煳的地瓜、一起喂养流浪的小猫。

视频最后，两人在空旷的田野中背对落日，齐声高喊：“我愿意她（他）成为我的妻子（丈夫），从今天开始相互拥有、相互扶持，无论富裕还是贫穷，疾病还是健康，都彼此相爱、珍惜。”

据说双方老人看到两个孩子的视频后，都激动得落下了眼泪。

在此之前，阿糖和老公各自劝过父母，收效甚微。最后，他们郑重其事地把四位老人一起叫到家中，坦诚地向他们表达了自己的想法。

听完女儿的话，阿糖母亲第一个站出来反对，理由自然是坚持“婚姻这么大的事儿，一辈子只有一次”。在她看来，女人只有在婚礼上才是最美的，必须够排场，让亲朋好友都看到自己女儿的美丽和幸福。

男方父亲也不同意，说辛苦了一辈子，就希望儿子和儿媳在婚礼上风风光光的，要是办得寒酸，不知道背后遭受人家多少白眼呢。

阿雅是这样劝母亲的：“我的每一天都是最美丽的，难道没有风光的婚礼，就接受不到大家的祝福吗？正因为我决定跟这个男人相守一生，一辈子就只有这一次婚礼，我才要办得特别、有个性，让人惊艳，我的婚礼我做主！”

男人也劝父亲：“爸，我已经长大了，该有自己的责任和担当，最起码我不能让父母把养老钱都拿出来，去给自己办一场所谓的风光婚礼。我宁肯你们走出家门，走出这个小城市，去四处看看，感受一下外面的世界。我和阿糖很好，不需要通过表面文章让别人知道我们的好、我们的幸福。”

老人们慢慢冷静下来，听完两个孩子对婚礼的计划和安排，以及结婚后如何发展各自的事业，经营好小家庭的想法后，他们虽然也经过激烈讨论，但最终还是同意了。

这也是很久以来，阿糖和老公与父母之间难得的一次没有芥蒂的交流。老人们还分享了自己婚姻中的保鲜秘籍，提出两人要相互体谅，相互关心，遇到事情要换位思考，要为对方留有余地……

步入婚姻的阿糖，越来越漂亮，老公则越来越能干。节假日，他们陪四位老人一起出去旅游，一起去郊外摄影、钓鱼、野炊。每次春节，他们谁家也不去，而是把四位老人都请进自己家中，然后夫妻一起下厨房，烧出一桌丰盛的好菜。听着父母们对每道菜的点评，那种幸福感真是无与伦比。

阿糖说："我和老公都是独生子女，父母爱了我们20几年，也该换我们来爱他们了。"

阿糖的父母把女婿当亲儿子疼，公公婆婆把阿糖当亲女儿待。

阿糖跟我说："我很庆幸我们当初对婚礼的坚持，也正因为那次的坚持、那次的敞开心扉，才让我和老公的心贴得更紧，跟家人贴得更近。"

与阿糖正好相反，我曾遇到过一个姑娘，结婚证都领了，只因为自家父母提出，让男方再多出3万的彩礼钱，多置备点嫁妆，否则太寒酸。遭遇拒绝后，女方父母赌气说："不给钱，我闺女不嫁了。"

最后，结婚证没几天就变成了离婚证。

其实姑娘当时也不同意父母的做法，可父母灌输给她的思想是，结婚这点事都不听你的，还指望结婚后那个男人能听你话，做梦去吧！

分手后，姑娘做梦都在想那个男人，她很后悔，后悔当初不该听父母的。男人也很后悔，后悔自己当时太冲动，没有想到更好的解决办法，否则结果肯定不会如此惨烈。

我问过那个姑娘，得知她和那个男人对未来根本没什么想法，对自己的婚礼也没有什么考虑，总在说，“我们也不懂，还是多听听父母的吧！”

其实，他们还太年轻，还不明白婚姻的意义，更不明白真爱的含义。爱太浅，稍微有点涟漪，便心浮气躁，不知所措，甚至冲动之下做出错误的决定。他们从不过问自己的内心，只听信身边人的指指点点，苦果出现是早晚的事。

我很喜欢阿糖这样的姑娘，她具备了能主宰自己生活的能力，同时具有迅速解决问题的行动力。

她明白自己想要的是什么，那就是细水长流的爱情，是平淡中透出真情的婚姻，也正因为明白，她才会坚持自己的选择。

幸福的婚姻，不仅是羡煞旁人的甜蜜和情深意浓的誓言，它还必须经得起岁月的打磨和洗礼。当年，黄磊和孙莉结婚照都没有拍，简单而坚定地走进婚姻的殿堂，相恋10年，结婚15年，春夏秋冬，相守到今。

“只有一个人爱你那朝圣者的灵魂，爱你衰老了的脸上痛苦的皱纹。”黄磊是，孙莉是。

还有一个人也是，那就是廖翠凤。

廖翠凤是鼓浪屿富豪廖家的二小姐，当年与林语堂情投意合，可廖母坚决反对，认为男方家里太穷，但廖翠凤仍果断与其在一起。两人婚后商量说：“结婚证只有离婚时才有用，我们烧掉吧！今后用不着它。”一根火柴将结婚证烧掉了，此后两人果然相守一生，不离不弃。

只要真爱，任何婚礼都只是形式，奢华抗衡不了简朴，简朴抗衡不了浪漫，浪漫抗衡不了真情。如果能用简朴、浪漫、独特的形式，操办一场只属于自己的婚礼，这不失是对爱情的一种别样的宣誓。

我的婚礼我做主，我的幸福我守护。

夫妻齐心，其利断金。

阿糖的“素婚”获得很多年轻人的一致好评，别具特色的“素婚”不断在阿糖的身边出现。

他们对父母的孝顺也被大家拍手称道。

简单朴素的“素婚”，绝不是简陋，更不是将就；它是一种生活态度，是一种新节约主义的生活时尚。陪伴爱人左右，亲人左右，用最少的金钱获得最大的精神愉悦，何乐而不为。

婚礼不仅仅是婚姻的开幕曲，也是爱情获得嘉奖的领奖台。

有人说，能用金钱解决的事，就不是难事。

现在我想说，能用真情抵挡的事，都不是难事。

厨房里的美食使者，你也可以披挂上阵

《舌尖上的中国》里有这样一句解说词："大多数美食，都是不同食物组合碰撞产生的裂变性奇观。若以人情世故来看食物的相逢，有的是让人叫绝的天作之合，有的是叫人动容的邂逅偶遇，有的是令人击节的相见恨晚。"

当个美食使者，把自己从厨房杀手变成厨房美食达人，认真学几样拿手菜，既能照顾好自己和家人，也能照顾好心情。

食物跟人一样，也有感情，只是它的感情是我们赋予的。

美食的价值不仅是要承担一日三餐果腹的重任，还能成为爱人之间、亲情之间情感交融的媒介。

"厨娘"这个称呼大多数女孩是拒绝的，哪怕已经步入婚姻的殿堂，也初心不改，例如小爱姑娘。

刚结婚一年的小爱又跟爱人吵架了，原因很简单，爱人辛苦加

班累得不行，想回家吃口热乎饭，结果到家后却是冷锅凉灶，冰箱里连片菜叶子都没有，只有一个烂了一半的西红柿，散发着难闻的气味。

男人气不过，忍不住朝小爱抱怨几声。

小爱立马火爆脾气附体，回敬男人："娶我还没几天呢，就开始给我甩脸色，你又不是不知道我妈自小不让我进厨房，我不会做饭，现在因为这个原因跟我吼，你什么意思？是不是心中另有他人，嫌弃我啦！"

小爱在父母的娇惯下，自小养成了高傲的公主范儿，这样一个不食人间烟火的小仙女，嫁作人妇，照旧保持了单身时丰富多彩的生活节奏。可婚姻不是花前月下，你侬我侬，婚姻是柴米油盐酱醋茶，婚姻是元角分。婚姻中，不但需要精进自我，还需要把世俗生活的一招一式都拾起来。

在小爱的家中，家务事成了重头戏，最简单的吃饭成了大难题。

家务事要分一三五、二四六来值班，周日还得轮班；吃饭是点外卖，要不就是去父母家蹭饭。夫妻俩没心没肺地过着"月光族"的日子，还美其名曰享受生活。

后来双方父母也加入战争中，互相指责对方的孩子不像话，战争大升级，双方闹得不可开交，本来还有感情的小两口，由于不懂得处理生活中的琐事，最终分道扬镳。

一场晚饭成为导火索，最终引爆，烧成熊熊大火，落得惨淡收场。

家务事都规划不好，还想规划人生？光是想想，都觉得实现的机会渺茫。

小尚姑娘恰恰相反，她也曾是一个十指不沾阳春水的姑娘，可遇到心爱的男人，婚后好像变了个人，家务事做得麻利，还学会了几道拿手菜。

她过生日时邀请大家去家中小聚，我们尝到了她亲手做的清蒸鲈鱼、油焖大虾、红烧肉、地三鲜、西红柿炒鸡蛋、酸辣土豆丝，虽然都是家常菜，可特别美味。我们大快朵颐，都争着让她教我们几手。

我看到温柔的小尚在厨房里有条不紊地准备着，脸上洋溢着快乐的微笑，她对每道菜品都力求做到极致、完美。当她把精美的摆盘端出来的时候，我仿佛看到烟火气里走出一位风情万种的姑娘，恬静、自信、快乐。

她让我们感受到，厨房里美食使者的另类美丽。

小尚说："女孩子至少应该有道拿手菜，最好是自己独特的拿手菜，不仅能拴住男人的胃，在与食物相逢时，内心还会产生一种淡定、期待，特别有成就感。"

男人婚后半年胖了十斤，夸赞老婆养得好。

小尚生日时，他精心为小尚准备了生日礼物，感动得小尚眼泪汪汪，羡慕得我们眼睛直冒光。

男人说，出差时特想念老婆包的薄皮、大馅的野菜馅馄饨，他说任何一个馆子都尝不到那个味道，那是家的味道。

团圆都少不了饭桌，少不了美食。舌头再累，也能尝出爱的味道。

陪伴、沟通、传承，都是一种爱。

总听很多女孩子说，做饭呀，千万不要学，否则就成了你一辈子必须要做的事了，却忘了技多不压身之说。真正懂得和谐相处之道的夫妻，对于家务事根本不是推给某一方，而是共同参与，让彼此在参与中找到乐趣。

有人专门制订出家务计划，详细列出明细，完成打“√”，未完成打“×”，让人一目了然，直观而真实。

有人体贴对方工作劳碌，主动把家收拾得干干净净，看着美食节目听大师指点，在菜品失败和成功的过程中，把一颗爱对方的心发挥得淋漓尽致。哪怕菜肴成品颜色不佳，口味一般，爱人依然会全部吃完，打着饱嗝大呼：“人间美味耶，得此妻一人，美哉美哉！”

因为是你做的，什么都好吃。

男人对女人爱的鼓励有很多种，例如夸赞老婆做饭的手艺真好。女人对男人爱的鼓励也有很多种，例如夸赞男人把碗筷收拾得真干净。

趁着周末，两人结伴去菜市场、超市挑选喜欢的食材，回到家，你帮我系上围裙，我帮你擦把汗；我为你做道家乡小菜，你为我做个可爱小甜点。厨房变成了爱意融融的乐园。

节假日回到父母家中，在老人面前亮亮手艺，媳妇得到婆婆的夸赞，女婿得到丈母娘的表扬，老人们吃着孩子做的饭，往往能被感动得热泪盈眶。

狩野由美子在《蔬菜之神》一书中提到：“所谓的烹饪，是‘以自身生命的本质，善用自己以外的生命，完成协调性的创造’。”烹饪不但能创造出世间美味，提供身体所需的各种营养，还可以创造出暖意融融的交流机会，创造出割舍不掉的爱。

真正的吃货和真正的美食家，都有沉淀人生的思考。

蔬菜、瓜果、肉禽、海鲜、山珍都源于大自然，万物有灵，有自己的本真，任何孤立都无法体现融合的真正价值，唯有裂变性的碰撞相逢才能成就酸甜、麻辣、鲜香等各种层次感不同的味道，牺牲自我成就众生的美味才能出现。就像父母对子女，就像大地对树木，就像河流对麦田，就像婚姻中的一方对另一方，都是牺牲、都是成全、都是爱。

在美食的世界里，当你成全了家人、爱人和自己的胃，这不仅是生活中有爱、有心、有情的补给，更是在远离家门后，最最思念、最最难忘的文化内涵。

家乡的味道，家乡的人；身边的味道，身边的人；一样的原材料，不一样的心情体会。

只要能给我一方平台，我就要把最美的味道奉献给你们，就像奉献一颗滚烫的心和一份无须开口的情。

美食充当了情感的介质，情感借用了美食的表现形式。

当个厨房里的美食使者，你也可以披挂上阵，做一道美食，慰藉风尘中或远或近的亲人。在这个世上，期待最为美妙，美食能带给人惊喜和期待，就像生活一样，既有惊喜也有回味，还有念念不忘的老味道。

一位在厨房里熟练忙碌的妻子和一位等在餐桌上大叫的贵妇，你觉得哪个更美？照顾不了自己的生计，规划不了自己的一日三餐，如何能更好地照顾自己的胃，自己的身体，自己的未来？

我们都不是富家女，只是出生市井的小女子，我们的餐桌上没有山珍海味，却有烟火气里的精致。会做精致菜肴的妻子，岂能没有精致的人生等着自己去打理？怎么说，我都不信。

如何处理婆媳关系

婆媳关系一直是很难解决的家事。

作为有婆婆一族的儿媳，我们最好弄清楚一点，婆媳关系的好坏，在于两点：一个是你的心态，另一个是你老公的态度。

在调整心态之前，我先来讲一个故事。

阿纯跟老公谈恋爱时，婆婆心里就不乐意。阿纯那时刚辞职，没有找到新工作，她是单亲家庭的小孩，自小跟妈妈相依为命。男方工作不错，薪资也高，还贷款买了房。

阿纯第一次去婆婆家做客，上了饭桌，阿纯发现只有小米粥和咸菜，其他什么都没有。老公不乐意地朝母亲嚷嚷。阿纯主动说："没事的，正好我想吃清淡的，阿姨熬的粥真好吃，腌的咸菜味道也很好！我很喜欢。"

婆婆一愣，看到阿纯没有任何不高兴的神情，脸色也好了许多。

婚礼当天，公公婆婆只在婚礼上出现了很短的时间，就匆匆离开，说老家有事要先回去，改口费一分没给，提也没提这事。

阿纯心疼公公婆婆在乡下，也不容易，并没有放在心上。

孩子一岁时，公公因病去世，在住院期间，阿纯和丈夫把所有的积蓄拿出来给老人看病，病床边伺候着。

公公离世后，按照老家的风俗，需要在家停3天，亲戚朋友都来吊唁。那三日阿纯带着孩子守孝，她哭得眼睛红肿，上了大火，孩子又发着高烧，阿纯给孩子举着吊瓶，在家中忙乎。

丈夫心疼她和孩子，想让她们去亲戚家歇歇，阿纯拒绝了，说："我能挺得住。"

回家后，阿纯大病了一场。

其实结婚后没多久，阿纯就找到了新工作，领导很器重，在怀孕期间她也一直坚持工作。生完孩子，月子里婆婆也没有帮忙照顾几天，阿纯本来打算孩子6个月后去上班，想让婆婆帮忙照顾一下孩子，可婆婆说住不惯，家中事情多，就是不答应。无奈阿纯辞掉工作，带了3年孩子。

在这3年来，逢年过节她都去看望婆婆，给婆婆买各种礼物。

直到婆婆生病住院，阿纯像亲闺女般忙前忙后地照顾。婆婆跟阿纯说了心里话，"过了这么长时间，我也看明白了，你是一个好孩子，一心为了这个家，于情于理的事都做得很到位，受了委屈也不埋怨我，还处处为我这个老婆子着想。孩子啊！以后你就是我的亲生女儿，我病好了也不回乡下了，想帮你看孩子，不知道你乐意不乐意？"

阿纯激动地说：“妈，我们早就是一家人啦！别说客气话，我特别欢迎您能来帮我，谢谢妈！”

病好后的婆婆真的就待阿纯如亲生女儿一般，儿子惹媳妇生气了，她会追着儿子打，有好吃的先留给阿纯，每天晚上阿纯不到家不开饭。

在这里我们看到阿纯对婆婆的态度，包含了两种心态：

第一，对婆婆要有颗包容心。

婆媳本有着不同的生活背景和生活习惯，要接纳彼此，这就需要一个相互了解、相互适应的过程。

在这个过程中，要带着接纳包容的态度，不要先入为主，因为一些生活琐事，只看到别人身上的缺点，对优点置若罔闻，以致对婆婆产生嫌弃、怨恨的错误思想，这样往往会导致恶性循环，婆媳矛盾愈演愈烈。

第二，对婆婆要将心比心。

自己的妈是妈，别人的妈也是妈。将心比心，你对别人好，别人自然会记在心里，一定不会怠慢你。

除此之外，再额外说一点，假如实在相处不来，可以保持距离，绝不要闹得不可开交。夹在中间最为难的是你丈夫。

做个有宽容心，懂得将心比心的好儿媳，婆媳关系再大的矛盾也能消解。

其实男人在婆媳关系中也起着举足轻重的调和作用。

如果男人能够在媳妇和母亲间察言观色，妥善协调，自然会减少婆媳之间的摩擦，避免不必要的正面冲突，甚至还能加强婆媳间的感情培养。可大多数男人未必能做到眼明心亮，此时就需要有人去点拨。

在婆媳关系中，如何设法让男人充当婆媳之间矛盾缓和的桥梁，显得尤为重要。

这个时候，作为妻子说话就需要有技巧。当发现婆婆身上存在的一些问题时，不要直接点出问题，可以采用迂回战术，先把婆婆的优点，例如对家的付出和辛苦，以及对自己的好先说一通，最后再一句话带出，某个问题需要注意一下，之所以让她注意也是为了关心她，为了她的身体。

这样一来，问题的侧重点就被弱化了，而解决问题的意图和缘由却说得很贴心。男人便能明白妻子确实是为了母亲好，自然会接受建议，主动找母亲沟通。

另外，节假日给双方父母挑选礼物时，作为妻子，购买给公婆的礼物，价位可略高于给自己父母的，这样不仅能让男人有面子，也能让男人应对婆婆时有话可说。

至于过年时去谁家，对于独生子女来说是个难题。有的采用一边一年的形式，有的则全部在公婆家。其实还有一种思路，供大家借鉴：条件允许的情况下，可以把双方老人都约到一起过年。

双方老人还可以一起出去旅游，一切去体检，一起去拍老年婚纱照，等等。时间长了，男人自然也会对妻子的父母更加尽心。这是一个相互的过程，你对我爸妈好，我自然对你爸妈更好。

聪明的妻子都知道找到一个支点撬动整个地球。婆媳关系只是一个引子，但这个引子如果处理得好，受益的自然是全家人。

这个结果是我们最想看到的。

婆媳之间本没有大事，都是生活琐事，对于琐事就需要有耐心，不要着急，更不要情绪失控，假如你爱自己的丈夫，肯定不愿意他左右为难吧。

你付出多一点，想事情多一点，多提醒丈夫一点，婆媳也能变母女。

亲密有间，独处但不孤独

在这个喧嚣的社会中，在错综复杂的婚姻生活中，如何独处，成为每一个人都要面对的难题。

刘若英认为，孤独不是孤苦，而是一种享受，自己跟自己相处是很有趣的。真正成熟美好的关系是“窝在爱人怀里孤独”，即使两人暂时无话可说也没关系，可以静静地躺在对方怀里孤独，这是两人相处互相信任的极致表现，也是最高境界。

刘若英的婚后生活是这样的：夫妻俩一起出门，去不同的电影院，看不同的电影。两人一起回家，进家门后一个往左，一个往右，因为两人有各自独立的卧室和书房，只共用厨房和餐厅。

当很多人把这本《我敢在你怀里孤独》送给亲密伴侣时，对方看完之后如释重负：“早说嘛，其实我也蛮需要空间的。”

再亲密的关系也要有各自的独处空间，生活中，精神上皆如此。

筱筱自从结婚后，时间都用在照顾老公、做家务、工作的“三点一线”上，与闺密聚会的时间少之又少。

每次出门都要再三报备，以防老公有急事找不到自己。随身带着手机充电器，过一会儿就要看一下电量够不够，有没有未接电话，手机是不是铃声模式。因此，她总是显得心不在焉，心事重重。

有次出门，筱筱一时粗心没检查手机铃声，不小心按成静音模式，结果老公有急事找自己没有听到，回家后挨了批评不说，被爸妈知道此事，又被狠狠教训一通，还说，“你已经结婚了，不要再疯了，要以家庭为主。”

半年后，筱筱怀孕、生子，小孩子日常的吃喝拉撒睡，更把她拴得死死的。

她有时在想，自己3年来忙忙碌碌的，到底忙了什么？她突然发现自己把自己跟丢了，她失去了自己。男人因为新换了工作，工作强度很大，回家就倒头大睡，再也不会跟她谈心，听她聊聊孩子的趣事和生活烦恼。

还好她爱读书，每天都在睡前读半小时书，来慰藉心灵。某天，她翻到《红楼梦》中贾宝玉说过的一段话：“女孩未出嫁，是颗无价之珠宝；出了嫁，不知怎么就变出许多的不好毛病来，虽是颗珠子，却没有光彩宝色，是颗死珠；再老了，更变得不是珠子了，竟是鱼眼睛了。”

结婚后，再美的仙女娶回家，时间久了，一个屋檐下也再无美人。爱情是让对方看到自己最美的一面，而婚姻却是让对方能看到自己最丑的一面，还丑得理直气壮。

时间久了，再贵重的无价之宝也会慢慢变成鱼眼睛。

筱筱不想变成任何人的鱼眼睛。

她拼命挤时间，为重新杀入职场做准备，她把婆婆和老妈叫到家中，安排两人每日来家照顾孩子3小时。

她与职场女精英的闺密联系，主动提出要陪她参加各种商界活动，看她如何与别人沟通、相处，如何跟别人谈工作、谈合作。当得知有位朋友新代理了一种红酒，她又特意过去请教红酒的相关知识，听对方讲红酒的历史。

她约三五好友去锻炼身体，打网球、打乒乓球、游泳、健身、跳舞。她喜欢上了摄影，找朋友在网上学习摄影。她还喜欢上了徒步旅行，喜欢上了夜间快走，喜欢上能静心安神的瑜伽运动。

她在每日有限的心灵独处的时间里，专心学习着自己感兴趣的东西。她的生活变得越来越有趣，人也开朗、乐观起来，心态平和的她，眉眼带笑，气质如兰，身材也变得越来越好。

她的日子开始变得不一样，有了念想，也有了色彩。

“女人最可悲的不是年华老去，而是在婚姻和平淡生活中的自我迷失。女人可以衰老，但一定要优雅到死，不能让婚姻将女人消磨得失去光泽。”

她慢慢体会到一种美丽的生命体验，在找寻人生目标的道路上，能感受到快乐的源泉，这让她在原本枯燥无味的家庭琐事中看到了曙光，也尝到了甜蜜蜜的滋味。

她重新认识到身体里、心灵上那个从未谋面的自己。

老公也看到妻子身上一点一滴的变化，最近常常邀请她参加朋友聚会，邀请朋友来家中小坐，有什么难事也会与妻子聊聊。

很多人都说，筱筱真是越来越漂亮了。听到这话，她再也不像以前那样害羞地低下头，而是灿烂如花地笑笑，自信从容地回复道，“谢谢！”

筱筱对新生儿摄影这个职业极感兴趣，她从网上查阅了很多资料，发现这个职业主要是为5～12天的宝宝拍摄照片，记录他们最初的样子，这个时间段的宝宝较为接近胎儿状，睡眠充足，身体柔韧性好，适合凹出各种各样的造型。

筱筱被网上各种宝宝萌萌的模样、可爱的睡姿迷住了。

她决定先从零开始，不着急，必须做到十拿九稳再开始自己的创业之路。当别人都与人事经理谈论薪资、保险、年终奖的时候，她通过网络找到著名的新生儿摄影师，起初是通过微博私信，然后加微信，再到互相打电话，当她提出想给老师当助手时，老师欣然应允。

在跟老师学习的那段日子，筱筱才知道表面看着简单的事情，背后需要付出巨大的爱心、耐心和细心。一组拍照下来，可能会需要4小时，道具的清洁消毒，预约上门等候宝宝睡熟，如何自如地抱着宝宝，让全裸的宝宝摆出近似在母体的各种造型，这些都有技巧，被拉、被尿是再正常不过的事情。

为此她还专门查阅了很多新生儿的书籍，请教了很多月嫂，了解更多关于宝宝的注意事项。她还与老师沟通时，提出自己的造型想法，并给出一些不错的建议。

后来，由于老师的老公在国外，希望家人过去生活，老师提出让筱筱接管她的摄影工作室，并把自己离开的日子晚说了一天，等筱筱赶到机场的时候，飞机早已起飞。

老师给筱筱留言：你能行，要相信自己，你已经有能力承担这一切。从今天开始，你应该重新给自己的人生定位。改变自己的时刻到了，勇敢朝前走，祝你成功！

目前，筱筱的收入早已超过老公数倍，对未来信心十足。老公也越来越爱这个有事业心但不是工作狂的老婆。由于老婆给了自己足够的个人空间和足够的动力，筱筱老公在工作上也是越来越拼，最近又升职了。

正因为筱筱在最难的日子里，懂得如何修补自我认知，懂得如何从他人身上学习优点，调整人生航向，才获得成功。

有人说，筱筱是幸运的。可一个人幸运的前提，是有能力改变自己。要改变自己，先要改变心态，填充思想。这就需要冷静思考后，设计一个可行的计划，坚持并积累经验。当有点成绩的时候，不骄不躁，时刻树立危机意识。

可以适当给自己设计一个假想的马蝇。

林肯少年时和他的兄弟在一个农场里犁地，那匹马很懒，慢慢腾腾，走走停停。可是有一段时间，马走得飞快。林肯感到奇怪，就去查看，结果他发现有一只很大的马蝇叮在马身上，就把马蝇打落了。他兄弟抱怨说：“你为什么要打掉它，正是那家伙使马跑起来的嘛！”没有马蝇叮咬，马慢慢腾腾；有马蝇叮咬，马跑得飞快，不敢怠慢。

这就是马蝇效应。

马蝇效应给我们的启示是：一个人只有被叮着、咬着，他才不敢松懈，才会努力拼搏。

请给自己一段独处的时光，在独处的时光中看清自己，在独处的时光中修身养性，在独处的时光中查漏补缺。

独处而不孤独，因为斗志陪着，信念陪着，梦想陪着，未来陪着。无论何时，都要不断改变自己，不断寻求出路，打破僵局，开辟新局面。

外在物质是冷的，真诚陪伴是暖的

上海曾举办过一个活动:“全民顾家日，8.16不加班”。

在街头，一个个双人沙发依次排开，40位身穿单薄睡衣的年轻女性白领赤脚站在沙发上，这个场景，就像她们在家等待丈夫归来时的样子。

每个女性手上都举着一块白板，上面写着:

做了一桌子你爱吃的菜，只有我一个人吃。

我不要名牌包包，我只要你抱抱。

再贵的烛光晚餐，比不上你回家吃饭。

没有你抱着入睡，我天天失眠。

你知不知道，我已经怀孕4周了。

我做过最失望的事，就是每晚为你等门。

……

这是一项对忙碌“加班”晚回家男人发起的活动，从而表达家人等待的煎熬。这也恰恰说明了另一个问题：我不要你冰冷的物质保障，我只想要你温暖的真诚陪伴。

看一个男人是否真的爱你，要看他在春风得意的时候，心中是不是还有你，是不是还对你爱护有加。

小璐躺在地上肚子疼痛难忍的时候，打给丈夫的电话一直占线中。她忍着剧痛赶到医院时，裤子上的鲜血预示着她的第一个宝宝不在了。

一个她盼了好久、念了好久、想了好久的宝宝，不在了。

她躺在病床上，把沾有鲜血的裤子塞到柜子里，头蒙在被子里，咬着枕头，咬着，使劲咬着。

男人在她拨打了12个电话后，终于回了过来，劈头盖脸怪她在自己谈业务的时候，不停地打电话，害得甲方心情不爽，到手的单子飞了。

她刚想说宝宝没了。含在嘴里的话，一个字、一个字被生生咽下去。

挂掉电话，关了手机，小璐悲伤和心痛的眼神就像一个黑洞，能吞噬整个天花板，整个白昼。

她总在回想，假如男人多在家陪陪自己，多照顾一下自己，自己也不会心情不好，不会心情不好就不会走路发呆，不会走路发呆就不会摔倒，不会摔倒宝宝就不会没有。

宝宝，对不起！

出院后，小璐实在无法原谅自己的不小心，更无法原谅男人对自己的不在乎，对失去宝宝的无动于衷。

身体恢复后的小璐，与男人分居，提出静一静。接下来的日子，小璐也不知道会走到哪一步，但是这个心里的结算是系上了。她不想要冰冷的高科技产品，她不想要空荡荡的大三居，她不想要邮寄到家的项链礼物，她不想要等待的灯整晚整晚地亮着。

她想男人为她下次厨房，熬碗热气腾腾的小米粥；

她想房间里有男人的笑声，有男人的呼吸声；

她想男人亲手为她戴上项链；

她想晚上的灯，有人关掉；

她想有人睡在身边，她想有人为自己盖好被子，她想有人搂着自己……

男人狡辩说："我还不是为了这个家吗？还不是想让你过得更好，让我们的孩子有更好的未来。"

"可家冷清了，我过得不好，孩子没了，你挣再多的钱又有什么用？"

小璐没有接受丈夫的道歉。

记得妹妹在医院生小女儿的时候，我刚好等在产房外面，看到这样一幕：

一个28岁的女孩子，双胞胎，怀孕5个月，在家肚子疼，被母亲送到医院，在医院保胎3天。突然身体又不舒服，被推进手术室的时候，已经晕了过去。

老母亲一再央求医生：“大夫，求求你，一定要救救孩子。”

医生劝慰老人：“别再犹豫了，再不做手术，大人的生命都有危险。请你赶紧联系患者的爱人吧。”

老人不断拨打电话，对方始终不接。

我离开的时候，老人还在拨打电话中。

后来得知大人还算幸运，保住了，可孩子没了。

很多人都在议论，这家的男人心真大，双胞胎耶！天大的好事，不在家陪着老婆，家境又不错，还瞎折腾什么，就不能等老婆生了再说。女人生孩子就像过鬼门关，真的能要人命啊！

男人赶到医院的时候，女人让老妈叫他滚。男人哭着喊：“我错了，我错了，我不该不知道心疼你，关心你，多照顾你。要是你一开始肚子不舒服，有我在身边，我第一时间送你到医院，没准我们的孩子还能保住，都怪我，都怪我！”

男人啪啪地扇了自己几个耳光。女人背对着男人，躺在病床上，痛苦地蜷成一团，仿佛孩子在妈妈肚子里濒临死亡窒息的模样。

与他结婚，不就是看中了两人在未来路上能遇事挡事吗？家庭中男人的责任并不是只有提供物质保障，更多的是需要提供真诚的陪伴和满足精神需求。

千万不要让憾事成真，再悔恨不已。

婉婉的老公一直是个顾家怕老婆的主，单位的同事总笑他，

“一个大男人变成妻管严，你真是没骨气。”

他笑着回应那些好事之徒，“我不是怕老婆，我是爱老婆，老婆不就是用来疼的吗？”

婉婉身体一直不好，需要经常吃药，他特意托人从外地给老婆买了一个专用药盒，把老婆吃的药放在专门的格子里，做好标注。虽然药盒可以定点定时，可他出差到外地，也总会在手机上设置好闹钟，定时提醒自己，老婆的吃药时间到了，再特意打回电话。

公司在外地开办分公司，领导有心让他负责前期筹备工作，如果工作出色，他将会被提升为分公司经理。正好那段时间，婉婉身体不佳，男人主动拒绝，说道：“机会何时都有，老婆只有一个，抱歉，我想请几天假，陪陪老婆，还想带老婆去附近看看大海，散散心。”

婉婉和老公两个人，互相心疼对方，互相在意对方，一个眼神、一个动作、一声叹息，就能知道对方的心情如何，对方的身体是否安康。

在老公的精心照顾下，婉婉的身体渐渐恢复了，已经准备要小宝宝了。

“举案齐眉”这种生活状态很多人羡慕，殊不知这个成语来源于东汉的梁鸿和他的妻子孟光。

梁鸿是东汉的太学生，自他学成归乡，许多人家看中他的高尚品德，想把女儿嫁给他，而他最终却选择了相貌丑陋的孟光。

梁鸿想寻找的是可以和自己一起享受内心生活的伴侣。孟光初嫁之后，每日刻意打扮自己，想博取丈夫的欢心。梁鸿的脸色越来越不好，很少再进妻子房间，等孟光前来追问时，他才道出缘由：他想寻找的是一个能穿葛麻衣服，与他一起隐居山林的理想的妻子，而不是每天只会关注自己容颜的爱人。其实孟光之前只是为了试探梁鸿的志向，早有准备，听完丈夫的一番话，她立即换回粗布衣服，这才使得梁鸿心里踏实下来。

后来，两人一起隐居在霸陵山中，耕读自适，弹琴自娱。能够确定的是，梁、孟二人想要追求的生活不是凡俗世界中的光彩照人，而是朝夕相对时的宁静与快乐。

在最平淡的生活中，夫妻“举案齐眉”、以礼相待，在拥有共同志向的前提下，遵循共同的内心，无视身后世界的繁华和喧嚣，守一方宁静，了却半生奔波，陪伴一生。

亦舒在《她比烟花寂寞》一书中写过：我情愿要一个听见我要走会抱住我膝头哭的男朋友。因为你陪在我身边，知道我的寂寞，所以你的挽留才最动情。

懂得陪伴的爱人，才是真懂你。

陪伴不是要你抛下一切，只守护在女人身边，而是在女人需要温暖时，你能及时出现；女人生病时，你能她身边；女人遭遇挫折时，你能不离不弃。

在相恋或进入婚姻的那一刻，女人们请把自己期待的生活状态告诉对方，把自己的心思和想法说出来，而不是要男人去猜。猜来猜去猜成迷，这样的游戏不好玩。

女人需要说得明白，男人需要听得清楚。

能达成共识，并共同付诸行动的爱情和婚姻才能长久。

有效破解生活矛盾点，攻守有道

我们爱得迫切，却不注重爱的方式

32岁的好友春子最近越来越美，在“520”这个特殊的日子，她在朋友圈分享第二任老公给他画眉的秒拍视频，惹得太多人羡慕嫉妒恨，但我除了祝福还是祝福。

一年前，春子的前夫出轨，移情别恋还不算，瞒着春子与朋友进行非法商业运作，不仅把家底败光，还欠下一屁股的外债。

春子提出离婚时，男人竟然说：“这是夫妻关系存续期间的债务，你也要承担一半。”

嫁你5年青春虚度，容颜苍老，为你熨衣、煲汤、洗臭袜子，为你照顾重病的家人，为你把唤作“笨笨”的小狗当亲儿子待……一句“不爱了，分手吧！”就让一个30多岁的女人，不得不面临被“扫地出门”的惨淡结局，临走还不忘夹带一口“唾沫”啐在地上：“嘿，十几万的债，你可别忘了！”

春子没有被男人吓住，翻阅法律文书，找律师咨询，心中明镜似的回击男人。

走出民政局大厅后，春子来找我谈心，我们聊了好久，分析起男女在感情中的种种现状：有人被情所伤，会找个制高点寻死觅活，引来围观众人笑看不值；

有人暗恋别人多年，深藏不露，不敢表白，让错过成为遗憾，多年以后回想起来，总会骂自己一句好傻；

有人遭遇男人博爱众生，处处拈花惹草，也是睁一眼闭一只眼，只要对方按时补贴家用就好；

……

春子说："不管我遇到哪一种，我都不会那样做，我会等，等那个真正爱我、我又爱的男人出现。"

我问她："你觉得爱的最高境界是什么？"

她笑着说："陪伴，甘愿平凡，在安静的生活中做伴，然后一起白头到老。"

在没人陪她的日子里，春子专心致志地照顾好自己和孩子，用心过好每一天，感受生活中的每一丝暖意。

她辞掉工作，专心从事自己喜欢的儿童剧配音工作，业余时间去孤儿院当义工，给孩子们上演的皮影戏《哪吒闹海》配音；去博物馆给孩子们当义务讲解员，介绍隋唐壁画上站在左边的那个人是干什么的；去公园免费教小朋友们朗读《格林童话》；她还去秋林书城为儿童朗读大赛当初选评委，告诉孩子们别害怕，放轻松……

3年的时间里，她拒绝亲人、朋友帮忙牵线搭桥，她自己找到了那个人，我们起初都不理解，男人长得憨厚，看似粗粗笨笨的，文化层次也不高，配春子真的有点不搭。

春子笑着说："我找他，因为他会给我修眉、画眉，会给我梳头，会让我不舒服时躺在床上，会细心地给我洗头，吹干，再把一根根白发揪掉。他还会让我5岁的儿子骑大马，被儿子喊'驾，驾，快跑'，会背着我撒娇的儿子跑6条街，只为买一款新上市的变形金刚……"

春子说了很多，光凭第一条男人会为喜欢的女人修眉，仅此一条，我就肯定这个男人会对受过伤的春子好！

《倚天屠龙记》中，赵敏让张无忌答应自己三个要求，最后一个就是一生要为她画眉。

张无忌笑着说："这么难的事亏你想得出来？"

赵敏反问道："你不愿意？"

张无忌坚定地说："做，不要说画一辈子，画十辈子，我都愿意。"

《白鹿原》中，白嘉轩来找姐夫——智勇双全的朱先生时，进门看到姐夫正给姐姐画眉。姐姐不好意思要站起来，姐夫固执地说："别动，就差这一笔了。"

白嘉轩微笑着说："姐夫，你把我姐那个脸当纸呢？画画呢？……你想把我姐挂门上当门神使呢？"

直到画完，姐夫才放姐姐离开。

满脸沧桑、40多岁的朱先生外出教学，特别想念自己的媳妇，回家后什么也不说，只是带回来一幅画：芭蕉树下的媳妇在干针线活。

他淡然地说："想你想得没法子，就画上了你的模样。"

只此一句表达，胜过千言万语。不论何时何地，你在我心里都是最美。

春子怀第二胎时，都是老公给她洗头，吹干，再给绑上马尾辫；春子生产时，都是老公夜夜伺候；春子奶水不足，都是老公晚上给孩子冲奶、换尿布，睡在孩子和老婆中间……

春子知道老公腰疼，每晚都会给老公捶背，按摩；春子知道老公喜欢收藏，每年生日都会送给老公一本自己辛苦收集的邮票……

情感主持人涂磊说过："我们爱得迫切，却不懂爱的方式。""只有爱不爱，没有合不合！没有人天生为你准备，磨合的过程固然痛苦，但过后的水乳交融却更有意义！中途退出的人，无非是不够爱，却偏偏说不适合，有缘无分之说更是借口！真爱，就坚持，没有炼狱般的彼此磨合，哪来心有灵犀的一生浪漫！"

爱需要表达，爱应该表达。爱得慢一点，不着急，慢慢等，遇到对的人，便主动用适合自己的方式表达心中的感受。不求最好、不求最贵、不求最奢华、不求最时尚，只求最真挚、最走心、最动情、最简单明了。

喜欢就表白，爱了就说出来，别给自己的嘴巴贴上封条，没有哪个人会永远属于谁，没有哪颗心会永远不受伤。

生活中有激情也有平淡，不要眼高手低，目视前方，找一个心中有你，你也日日想着关爱的人过完余生。

人生苦短，虚度光阴这种事，最好少干。

“老夫老妻”不是与浪漫绝缘的借口

著名翻译家朱生豪写给妻子宋清如的情书十分有趣，“不许你再叫我朱先生，否则我要从字典里查出世界上最肉麻的称呼来称呼你。特此警告。”显然是情人间有点无赖的小顽皮，让人忍俊不禁。

他们之间肉麻的称呼还有好多，朱生豪称宋清如“阿姐”“老姐”“青子”“亲爱的小鬼”，而称自己为“小癞癞头”“弟”“无赖”。

廖一梅在《恋爱的犀牛》中写道：“黄昏，是我一天中视力最差的时候，一眼望去满街都是美女。高楼和街变幻了通常的形状，像在电影里……你就站在楼道的拐角，带着某种清香的味道，有点湿乎乎的，奇怪的气息。擦身而过的时候，才知道你在哭，事情就在那时候发生了。我该怎样告诉你，我是如此的爱你……”

名人展示在我们面前的，总是他们最优秀的一面，而在他们恋爱、婚姻相处的过程中，也有柔情、浪漫的一面。

梁静茹曾唱道:“爱对了人，情人节每天都过。”的确，对于相濡以沫的老夫妻，浪漫的表达往往溶解在生活的细水长流中。

楼下的李姐和王大哥结婚20年了，晚上总会去公园里遛弯，每次出门，总会看见李姐挽着王大哥的胳膊，两人有说有笑。前段时间，公园里的蜡梅绽放，晚上我去散心，走到成片的蜡梅树下，细嗅花香。

不远处，有人不停地在背诵与梅花有关的诗词:

无意苦争春，一任群芳妒。零落成泥碾作尘，只有香如故。

梅须逊雪三分白，雪却输梅一段香。

不经一番寒彻骨，怎得梅花扑鼻香。

……

我心生好奇，便走近了些，趁着昏暗的路灯，发现竟然是李姐和王大哥。原来今天是他们结婚20周年的纪念日，王大哥一向喜欢古诗词，毛笔字写得也是有模有样。李姐提出不再像以前出去吃饭、送礼物了，而是比赛看谁能背出最多的“梅花”诗句，谁就赢。赢的一方可以一个月不用刷碗。

我突然觉得两人好浪漫，结果不重要，这份“浪漫”的感觉令人感到分外甜蜜。

有人说，老夫老妻就像左手摸右手，没了感觉，再玩什么浪漫，哪还有兴致。可真正老夫老妻的感觉，应该就是左手摸右手，对方早已成了自己身体的一部分，他的心事你懂，他的快乐你懂，他的烦恼你懂。

假如对方哭，你觉得好烦；对方不舒服，你觉得娇气；对方想出去旅行，你觉得浪费时间……只能说婚姻不和谐的节奏已然在你的婚姻中显现。

这个时候，假如你帮对方实现一个小心愿，精心准备一顿烛光晚餐，偷学一套按摩手法，在家煲一锅他最爱的老鸭汤，特意设计一段两人自相识、相恋、相爱、结婚后的甜蜜视频，相信一定能为你们单调的生活带来调剂。

我曾见过一位朋友，开始对自己老婆喊“宝贝”，然后改成叫小名“珠珠”，最后是大名“王丽珠”。

一方对另一方在私密空间大呼其名的时候，多半是要吵架。

可当两人剑拔弩张的时候，请先冷静下来，只需要喊对方一声“昵称”，战火顿时能熄火大半。

昵称不仅代表对另一半的尊重，更能代表对另一半的爱。如果你爱对方，就请为对方起一个特属于你们之间的爱称，这也是浪漫生活中的一部分。

电视剧《恋爱先生》中，独立、自主、个性十足的罗玥到底是在什么时候对宋宁宇动心的呢？我想是在两人吃饭时，罗玥嘴角沾上了番茄酱，宋宁宇伸手帮忙擦掉，擦掉后把沾有番茄酱的大拇指伸到自己嘴里，吃掉了。这时插曲响起，女人对男人好感倍增。

如果碰到这样的男人，女人肯定会爱上。套路中也有真情，这种人最难拒绝。

虽然最后罗玥发现宋宁宇是渣男，但前面这段细节却很感动人。

现实中有很多男人，在饭桌上看到老婆嘴角沾了东西，不是立马递上纸巾，而是嫌弃对方邋遢，“多大人了，吃东西还弄得满嘴，不害怕别人笑话吗？”如果有这种心理作祟，拜托赶紧抛掉这种杂念。

此时的你只需要拿纸巾帮老婆擦擦嘴，再温柔地来一句“慢点吃，这都是为你准备的，不要急，你个小馋猫！”纵然比不上电视剧中甜死人的桥段，也能让女人心生荡漾，眼底有光，爱你没商量。

还有一种浪漫的手段，便是变相赞美老婆，这种桥段汪涵经常用，他在节目中经常夸自己的老婆，但他不会直夸，而是会说：“独乐乐不如众乐乐，众乐乐不如杨乐乐。”

结婚后，杨乐乐遇到喜欢的鞋子，但嫌贵舍不得买，汪涵就会偷偷买回来，在他们家二楼放一只，四楼放一只，等着老婆回家来找。

他还最爱趁老婆出差时，把房间里装满鲜花，等房子的女主人回来。每次看到妻子惊喜的样子，自己就感觉特别快乐。

他还曾经在节目里准备过一把写有“乐观”二字的扇子，他说这样就每天能看到杨乐乐了，想到她就觉得整个人都乐观起来。

走心的浪漫最动情，只要你走心去爱她，任何爱她的形式都是浪漫的片段，够她回味好长时间。

“老夫老妻”不是与浪漫绝缘的借口，而是必须给浪漫加码的重要阶段。别让对方心凉，别让感情变淡，得不偿失的事千万别干。

浪漫是一种表达爱情的技巧，运用得当，爱情甜如蜜，在漫长的平淡生活中，任何一方想起来，都会触景生情，并能感慨道：这个男人（女人）爱了我一辈子，我真幸福。

懂得浪漫的人最有幸福感。幸福是有仪式感的，而生活中的小惊喜、小触动、小浪漫就是仪式感的重要部分。

你对爱情有了仪式感，你对婚姻有了信心，你的余生怎能不幸福?

幸福不是苛求的，幸福是需要付出的，浪漫也需要你我的精心付出！

浪漫的形式并不单单是老夫老妻在表达爱意，而是表达他们对婚姻的敬畏，对彼此的珍视。

懂得这些，你就能明白浪漫的真正意义。

“黄脸婆”如何变成气质女

男人出差回来，推门看到这样的场景：

老婆蓬头垢面，穿着起球的睡衣，跪着擦地板，腰部露出的“游泳圈”不下三层，蜡黄失去光泽的脸被干枯的头发覆盖着，头也不抬地说：“回来啦！饭在锅里，我吃过了，你自己吃吧！”

从她身边走过的时候，汗臭味扑面而来。

男人心想，出门好几天了，本来打算回家后立马亲热亲热呢，现在别说亲热了，连饭都吃不下了！我怎么娶了一个“黄脸婆”回家，好后悔啊！

女人最烦自家男人喊自己“黄脸婆”，心里有天大的委屈，我为你生娃，我为你照顾家，我为你放下了事业，我为你节省开支，你却叫我“黄脸婆”。

一句“我还不是为了你”，天大的帽子扣到男人头上。

“你不知道感恩戴德，还嫌弃万分。我变得腰酸背疼，乳腺增生，满脸起色斑，眼角纹暴增，大肚腩藏也藏不起来，还不是你害得。我花费了百分百精力为你熬汤、做饭、带孩子、收拾家务，你真是不知好歹！”

可事实真的如此吗？问一下男人，男人也委屈。

你取悦男人的心，他们看到了，可你取悦自己的情去了哪里？

把自己照顾得一团糟，把男人伺候成有型有款的范儿，活该他们被一群小蝴蝶追着跑。

“黄脸婆”也能变成气质女，重新占据婚姻中的主动权，抓牢男人的心，喝退不敬的看客。

欣欣也曾是典型的“黄脸婆”，可现在的她，早已成了老公嘴里的漂亮媳妇，朋友嘴里的气质美女。

谈及改变，她感触颇深：每个人都有独特的气质，在于你怎么去发掘。气质是没有定式，更没有标准的，你可以自由发挥，自成一派。

不管你颜值高还是低，决定你人生境界高低的最终还是气质。

要坚持运动，运动是女人最好的化妆品。坚持运动的女人身材好、精神好、情绪乐观平和、心态积极。

注意日常皮肤保养，必须掌握化妆技巧，把看泡沫剧的时间省出来，多看看如何化妆、做发型、搭配服装等节目，肯定会给你很多帮助。

化一个精致的淡妆使女士在日常工作中，显得更加美丽自信，同时也是对别人的尊重。成功的淡妆让人看不出明显化妆的痕迹，却让人感觉你的精致和品位，比浓妆艳抹更美丽、更动人。

穿适合自己的衣服。容颜可以老去，气质却可以历经岁月而升华。真正适合你的衣服，它们能够完美地展现你的独特气质，又能提升你的衣装品位，让你如钻石般闪耀迷人。

同时也要大胆创新，尝试不同的风格。不要一成不变，前提是最好不要超过三种颜色。黑、白、灰是最常规、最经典的搭配方式，随便一搭就有不错的效果。

放弃一切不适合你的衣着、首饰、发型、妆容，认认真真地去培养自己的审美。注重品质，可以多了解设计方面的知识，比如多看看设计展、画展、时装秀，都对提高审美水平有帮助。

必须多读书，满腹诗书气自华。多读书，保持对世界的好奇心和思考力，慢慢地，你的气质就能自然而然地形成。

欣欣还说，人是有惰性的，消除惰性一般通过外来刺激和内心自省两种方式。被人喊“邋遢女”“不修边幅的胖女人”“黄脸婆”，心情肯定不爽。因为不爽才想改变，有压力才有动力，别怪别人看不起你，只要你能看得起自己，“黄脸婆”变“气质女”，谁都可以。

林志玲总是闪耀在人群中，往那儿一站就是一幅画。因为她落落大方，谦虚有礼，永远保持窈窕的身材、笔挺的身姿，从未有过丝毫的不得体。她的每一个细节都经过刻意的练习，你可能觉得她做作，但不能否认她的气质出众。怎样坐、怎样站、怎样走，都得学习，抖腿、驼背、说脏话、大声嚷嚷等恶习务必戒除，有可能出错的任何一个细节都要注意。

气质修养是需要学习和坚持的，不容松懈。

人之气质，本难改变，唯读书可以变其气质。

有人问杨澜，“女人为什么要读书？”

她是这样回答的：“有人会问，女孩子上那么久的学、读那么多的书，最终不还是要回一座平凡的城，打一份平凡的工，嫁作人妇，洗衣煮饭，相夫教子，何苦折腾？我想，我们的坚持是为了，就算最终跌入烦琐，洗尽铅华，同样的工作，却有不一样的心境；同样的家庭，却有不一样的情调；同样的后代，却有不一样的素养。”

书籍是女人永远的护肤品，没有失效期。它不但护肤而且护心。对女人来说，世界上内外兼护的东西唯有书籍。

从前，一到停电时钱钟书和杨绛就对诗解闷，你来我往，妙趣横生，看得女儿钱媛好生羡慕，直呼：你们快教我，我也要加入。可惜钱钟书和杨绛撂了一句：这个教不来，得自己愿意学。

书籍是女人永恒的情人，不弃不离，始终如一，它永远都在奉献，从不求回报。它会影响你的思想，你的修为，你的性情，你的素质。

再好的外貌也会随着时间慢慢变老，再好的化妆术也不能完美修复容颜，唯有读书带给人的内在气质与才华会与日俱增，让你浑身散发出迷人的气质，别人模仿不来，也复制不得，它独属于你。

张曼玉说：“为什么非要年轻、没有皱纹才是美呢？人不是一定要美，美不是一切，它很浪费人生。美要加上滋味，加上开心，加上别的东西，才是人生的美满。”

张曼玉从来就不想要做一个岁月静好、供人静静观赏的花瓶，她欣赏有生命力的女人，“我希望拥有粗糙但强大的力量，胜过虚伪的美丽”。

拥有了这样高贵而自信的气质，你的内心必将强大无比。

有的女人说，我要把自己变得更优秀，然后那个他就会爱我了。

如果你真的变优秀了，就几乎不会再期待那个人的爱了，因为你在努力的过程中会发现，原来努力的你是那么勇敢美丽，那些爱来爱去，竟然变得那么狭隘。那么，你优秀了之后，还会在意他爱不爱你吗?

现实不完美，生活也能美满

曾经看过一个观点：婚姻中，女人根本不是最佳辩手，而是裁判。现实中，每一个正在追求完美的人，都很容易变成裁判。因为眼里只有规则和目标，而失去了柔软与温暖，变得生硬冷酷。

“完美”二字太过神圣，“我的老公是完美的，我的婚姻是完美的”，这种论调根本不成立。

请试着接受我们都有缺点的现实，这样的爱情、婚姻才有烟火气。

燕子在烟台开了一家咖啡馆，很有文艺气息。每个周日下午她都会关门歇业，举办文学作者的读者分享会、新书发布会、文艺沙龙等活动，吸引了很多朋友加入。

她一直说老公特别支持自己，能接纳自己搞这样的免费活动。

朋友们喊她，“把你身后的男人叫出来，让我们看看。”她每次都推辞，理由无非是“出差了”“工作忙”“事情多”，要不就说他不喜欢这样的场合，不愿意来。

只有她自己知道，老公年轻时遭遇严重车祸，断了右小腿，走路需要拄拐，摇摇晃晃的，多少有点自卑，不愿意出席这样活动。

燕子的咖啡屋还有一个别称，那就是“求婚殿堂”。她见过很多男生单膝跪地向心仪的女生求婚，就餐的人们都会齐刷刷站起来，大喊，“嫁给他，嫁给他”，女孩总会娇羞地点点头。

这个时候燕子都会为他们拍下甜蜜的一刻，挂在“求爱殿堂”的图片墙上。

去年常规体检中，燕子被查出患有严重的子宫肌瘤，医生建议切除子宫。她瞒着家人，不敢告诉他们。那段日子她打算把咖啡店盘出去，还打算与老公离婚。

妻子的异样还是被男人发现了，得知消息后，男人紧紧抱着她，在她耳边轻轻地说：“傻瓜，放心，你会没事的，我们会在一起一辈子，大不了我们去领养一个孩子。”

病房中，男人一瘸一拐日夜守护，整日整夜不合眼。他知道妻子胆小，总想她睁开眼看到的第一个人就是自己。

那段日子，咖啡店里经常有一个腿脚不利索的男人忙来忙去，他早已打开自卑的心结，热情招待客人。

结婚六周年纪念日当天，燕子送给老公的礼物是一个从国外专门定制的义肢，老公送给燕子的礼物是一条自己偷偷织的天蓝色围巾。

咖啡屋的生意越来越好了，燕子写的她和爱人之间的故事的书也上市了，她已经办好了儿童领养手续，快要当妈妈啦！

男人再进到咖啡馆，熟悉的不熟悉的都会喊他“燕子姐夫”。

燕子在病床上时，曾告诉男人说：“世事难料，假如我哪一天先走了，请你一定要找一个爱你的女人，要不然我会担心你。”

男人笑她：“瞎说！”

我最近看金庸先生的《射雕英雄传》也有这么一段，黄蓉曾在生死之际对郭靖说道：

“靖哥哥，我死以后，有三准三不准。我准你娶华筝，不许你娶别的女人，因为华筝是真心对你，你若娶了别的女人，我怕她会骗你。我准你为我立一个坟祭拜我，但不准你带华筝一起来祭拜我，因为我始终还是一个小气鬼！我死后，我准你为我伤心一段时间，但不准意志消沉。”

燕子在遇到丈夫时，没有因为他身体的残疾而忽视他美好的灵魂，她选择了义无反顾的爱情。

男人在得知妻子一辈子都不能有孩子时，没有因为她身体的不完整，而忘记爱她的初心，坚持守护在她身边。

在疾病面前，燕子想到了生死，男人想到了陪伴。

《游龙戏凤》里有一场戏：舒淇一回到家就把自己的鞋子丢在

地上，这时，刘德华的妈妈来了。她很不好意思，一边说着话，一边脚就在椅子底下摸索自己的鞋。好不容易找到了鞋，却死活也穿不进去，导演的镜头也不喊停，她就一直手忙脚乱。这时，身边的刘德华俯下身，悄悄地用手帮她把脚放进鞋里。

“他这个动作是原来电影剧本里没有的，虽然都是小事情，但当时我觉得很感动。”舒淇说。

现在，男人会在下雨天，拿个板凳坐在门口，把燕子鞋子上的泥巴擦掉；会在燕子在门口穿高跟鞋站立不稳的时候，拄着拐站在她身边说：“扶着我的肩膀，靠着我。”

燕子说：“他不会主动亲亲，抱抱，但我会。”

燕子经常趁着男人转身的瞬间，突然抱住他，说：“老公，我爱你。”

老公羞涩地说：“我也爱你。”

一个大男人羞红了脸，真好看。

世间根本没有完美的生活，有的只是需要不断改进的生活方式。有了协调的生活方式，两人的生活自然可以完美融合。

曾看过一张照片，风雨飘摇的黄山上，吴冠中在认真作画，他的妻子就站在他身后，为他撑着伞……

多年后，妻子患上老年痴呆症，总怕煤气没关好，去厨房来来回回地开关煤气，而吴冠中就跟在她身后，她开了，他就关；她再开，他再关，从不嫌烦。

现实不完美，生活也能圆满。

谢谢你，在我的人生隧道里陪我一起熬过夜的黑。

不要让孩子成为你婚姻中的“第三者”

朋友大勇还没从当爸爸的喜悦中缓过来，仅仅过了半年的时间，大勇与妻子的关系已经搞得水火不容。

大勇知道小夏一个人带孩子很辛苦，好心把老妈接过来帮忙，没想到老妈照顾孩子的方式特别让小夏看不惯，老妈对儿媳妇照顾孩子的方式也很是不满。

大勇夹在中间怎么做也不对，很是无奈。

他提议让老妈带孩子一天，周末带小夏出去看电影，散散心。毕竟孩子吃奶粉，离开妈妈是可以的。一场电影没看完，老妈就打来电话，说孩子突然拉肚子，要赶紧去医院。

小夏回到家，嚷嚷婆婆照顾孩子不尽心，肯定是因为不讲究卫生，孩子才生病的。老妈被气得脸发紫，大叫：“那可是我的亲孙子，我会不尽心？笑话！让我把命给我孙子都行。”

孩子病还没看好，老妈的心脏病又犯了，大勇累得没了人形。

因为小夏对母亲说话不客气，害母亲住院，大勇气得跟小夏冷战，对孩子的事儿也不再插手，只让小夏一个人照顾，你不是嫌弃这个嫌弃那个吗？那好，你肯定不嫌弃自己，活该受罪。

小夏发现自从有了孩子，丈夫变得越来越陌生，原先那个温柔体贴的丈夫不见了。自己不仅嫁了一个“扑克脸”，还惹上了一个“夜哭郎”，搞得小夏3个月的时间里没有睡过一个安稳觉，神经衰弱，整日疲惫不堪，暴脾气一点就着。

很多人是不是也遇到过类似的问题？

孩子本是爱情的结晶，但孩子的到来却像一个“第三者”，打破了二人世界的平静和谐，让婚姻面临前所未有的挑战。

面对挑战的还有潇潇，潇潇一直是个“潇洒姐”，丈夫优秀、家庭美满、事业有成，是个家庭和事业都能完美兼顾的女强人。

谁知道前两天她突然跟我说，她和先生曾差一点离婚，而且离婚的事情还不只闹了一两次。

“这么严重？”我有点不相信，“什么时候呢？”

“刚生完我家虎子的那一年。”

我马上理解了，我也曾经是一个笨手笨脚，天天跟家人争吵不休的新手妈妈，在担任新手妈妈期间，因为孩子的事情，提及离婚的话题不下百次。

潇潇和刚子在儿子没出生前，婚后还像谈恋爱时那般卿卿我我，过着甜蜜的二人世界。但有了孩子，潇潇的注意力就都放在了孩子身上。

儿子冲奶粉的水必须用温度计测量，丈夫稍微有一点点凑合，潇潇就生气。

儿子发烧生病，着急去医院，丈夫一时半会儿找不到停车位，潇潇生气。

儿子屙了、尿了，丈夫一时忘记给孩子的屁屁擦爽身粉，潇潇也生气。

……

刚子一反驳，潇潇便以“你不爱我了”为理，伤心地落泪。

刚子一直盼着能有个大胖儿子，结果也心想事成。可很快，他的态度就恶劣起来。儿子一出生就占据了自己的位置，在他原来睡觉的地方吃喝拉撒，而自己只好到客厅沙发或者客人用的折叠床上将就着。

休息不好，刚子工作中总是走神，要不是喜欢自己的那个年轻女同事经常提醒，估计刚子早被公司打发走人了。

有了孩子后，刚子再也不愿意早回家，加班、出差的理由变换着用。

年轻女同事看到刚子心情不好，经常陪着，陪着陪着，两人开始暗送秋波。

精神出轨成了不争的事实，还好潇潇发现苗头不对，及时出手制止，挽回了男人的心。

新手爸爸妈妈在面对孩子的时候，总会有些不知所措，精神高度集中，导致矛盾不断，但孩子的到来，也是婚姻走向成熟的一个重要契机。

作为女性朋友，作为新手妈妈，我们应该遵守以下原则：

第一个原则：夫妻关系大于亲子关系。

婚姻是以爱情为基础的，夫妻感情的维护很重要。十月怀胎生下孩子，疼爱孩子，给孩子更多关注是女性很自然就去做的事，但不能因此就一切以孩子为中心。作为妻子，要看到丈夫的付出，不要冷落他，要多关注他，有意识地保留你们的“二人世界”，哪怕是一个主动的拥抱，一个主动的亲吻，一个主动的牵手，都能让丈夫感觉到妻子的爱。

如果忽略了夫妻情感，那么你自然很难从丈夫那儿获得支持，没有丈夫的支持，难免心情不佳，抱怨满天飞，严重影响夫妻关系。

第二个原则：养育孩子是父母的责任。

养育孩子是父母的责任，祖辈帮忙带孩子是情分，不是义务和责任。帮了应该感谢，不帮也不必抱怨。自己带孩子，有助于孩子和母亲建立良好的关系，有助于丈夫尽快进入父亲的角色。

第三个原则：爱孩子，更要爱自己。

这个原则就是把自己和孩子分清楚：自己和孩子是两个人，在爱孩子的同时，也请记着爱自己。把怀孕期间长到身上的肉减掉，每周给自己放假一天，出去放松一下，跟丈夫约好每周进行一个活动项目，例如带着孩子一家三口去公园里遛弯、晒太阳，可以去郊外踏青，赏花，可以带着孩子去参加一些亲子活动，给孩子照一些有创意的照片，记录孩子成长瞬间。让丈夫参与进来，感受与妻子、孩子在一起的美好时光。

有了这三个原则，相信会助力我们解决很多新手爸爸妈妈遇到的问题。

孩子是我们生命的延续，更是我们成长的镜子。在哺育、陪伴孩子成长的过程中，如果我们也能不断成长，婚姻这棵树将会越长越茁壮，早晚能遮天蔽日。

不要让孩子成为你婚姻中的“第三者”，而应该是夫妻感情的黏合剂，彼此尽快进入爸爸妈妈的角色中，去感受孩子成长过程中的快乐。

增加一点点情趣，成为男人心中的酒

再贤惠、再漂亮、再温柔的老婆，相处久了，还是会有一点腻，所以女人需要经常改变一下自己。

结婚十年的堂姐与堂姐夫的感情，一直新鲜如初。经过深入交谈，堂姐告诉我一个词——“新鲜爱”，就是不时地让爱情保鲜，增加点生活中的情趣。

堂姐是我们当地一家著名企业的高管，平时工作特别忙，但她有个雷打不动的习惯，那就是每个周末的下午，她都会在家中打扫卫生，整理房间，客厅、卧室、厨房、卫生间、阳台，一丝缝隙都不落下。

收拾妥帖，她会去楼下不远处的花店买回一束鲜花，插在花瓶中，拿干净的毛巾把每片叶子擦干净，每朵花的朝向都调整好，最后再喷上一层细细的水雾。

那个暖暖的午后，她是忙碌的、是快乐的，她唱出的歌声是动人的。与平时截然相反，此时的她，光着脚，轻快地踩在木质地板上，她的脚步带着律动的跳跃感，此时的她少了职场女性的理智、冷静和干练，多了一丝慵懒、愉悦和舒展。

偶然的机会，因为我有事情找她咨询，推开了她家午后的那扇大门。

我坐在她家舒服的沙发里，看着她把小家布置得生机盎然，再看着堂姐光着脚，自由地忙碌着，觉得这跟我记忆中的堂姐很不一样。

堂姐是个直爽的人，看出我对她光脚的关注和不解，没等我提问，就直接告诉我："你也试试光着脚在家里，特别舒服。"

堂姐告诉我，前段时间老公工作压力特别大，她总想为他找到一种舒服的解压方法，又方便又舒服，在家就可以做到。

一个偶然的机会，她了解到赤足行走的好处。她记起在《中国好声音》中有个赤足女孩，她走上舞台，站定，旁若无人地脱掉鞋子，光着脚站在舞台正中央，深吸几口气，冷静下来。以一首《Rolling in the deep》的狂热演唱震撼全场，她边唱边拼命跺脚，隔着屏幕我都能感受到她的热情。

导师问她："为什么会光着脚来唱歌？"

她说："因为这样唱歌，感觉像踩在家乡的泥土上。"

那英感觉很惊异，提出也要光脚上来试试。一向随性的那英忍不住冲上舞台，脱掉鞋子，光脚和小姑娘合唱了一曲《征服》，嗨翻全场。那一刻的那英让我觉得特别的帅气、豪迈、真性情。

从那以后，我在家就经常光着脚，先找找感觉，觉得确实不错，于是我说服老公也玩起了赤足，他说感觉到前所未有的舒服和放松，真的就像踩在家乡的黄土地上。

堂姐跟我说："以前最不注重保养脚了，现在恰恰相反，我不仅对脚好生照顾，还经常去美容院去死皮、磨砂、按摩，涂上喜欢的指甲油。以前你姐夫动不动就出差好长时间，现在他最不喜欢出差，每次离开的时候都说，'我又好多天看不到我家的大野猫给我光脚走猫步啦！'"

在爱情中增加一点情趣的点缀，会加深夫妻感情。花点爱他的小心思，他也会回敬爱你的小动作。

可以不时变化下发型，给他一个惊喜；可以选一款适合自己的香水，让淡淡香气在身上游走；还可以睡前邀请他喝点红酒，听着舒缓的音乐，再邀请他共舞一曲；还可以经常给他写写情书，写写谢谢他、爱他的小纸条，还可以经常给他讲讲笑话，幽默一下……

佛问石头："你最爱的人是谁？"

石头说："我遇见过很多女人，但我最爱的还是我的妻子。"

佛再问石头："你敢肯定你是真的那么爱她，在这个世上你是爱她最深的人吗？"

石头毫不犹豫地说："那当然！"

佛说："恭喜，你对她的爱是成熟、理智、真诚而深切的！她不是这世上最美的人，甚至在你那么爱她的时候，你都清楚地明白这个事实，但你还是那么深爱着她，因为你爱的不只是她的青春靓丽，要明白韶华易逝，红颜易老。但你对她的爱恋已超越了这些表面上的东西，也就是超越了岁月，你爱的是她整个的人，主要是她独一无二的内心。”

石头忍不住说：“是的，我的确爱有时清纯善良，有时妩媚动人，有时撒娇任性，有时孩子气的妻子。我想我会爱她一辈子，因为她不会让我腻。”

情趣，是男人念念不忘的小点心，烦心时得偿所愿的大智慧。

一个有情趣的女人，会是一个懂得快乐并能创造快乐的女人，这样的女人，怎能不留恋？

看透现实，谁的底线都是高压线

男人出轨，给不给机会

如果你丈夫出轨了，你会离婚吗？

三成的女性选择不会，她们会继续忍着；

四成的女性选择了待定，说需要看是什么原因出轨的，是一时冲动还是有其他缘故；

剩下的三成女性会选择快刀斩乱麻，分道扬镳，你对我不忠，还让我选择隐忍？我才没工夫在这件事上磨叽。

电视剧《老男孩》中，林依晨饰演的林小欧得知男友出轨了，当即动身去澳洲要问个清楚。谁也没想到的是，当她费尽周折找到那个躲避自己的男人和他的小情人时，林小欧当着小三的面狠狠地给了前任霸气一吻，并告诉他："你真笨，放开我这么好的女人。"

这种女人才叫硬气。

不硬气，但想撒气的女人也不少。得知男人出轨，智斗第三者，一脚把门踹开的比比皆是。还有当街暴打、围殴，把小三衣服扯得七零八落的，她们心里多半想的是，“臭男人，不想跟我过，我就不让你好过，我倒要看看，是谁让谁出丑！”

33岁的朋友依依也陷入男人出轨的噩梦中，偷拍、追踪、调通讯记录这样的戏码她也用过，被逮住时男人求原谅，没被逮住时男人满嘴跑火车死不承认。

1年3次同样的戏码，依依快被逼得发疯，太累了。男人早捏住了依依的命门，知道她不愿意离婚，所以才有恃无恐，得寸进尺。

依依回到家中，老父母唉声叹气，妹妹也骂姐姐太笨了，这么晚才发现，以至于到了无法挽留的地步。

有次家中来了客人，依依在里屋休息，亲戚在外屋聊起这事，说依依肯定也有错，如果她能吸引住自家男人，对方也不会出去乱来，说白了，男人出轨女人有一半的责任。

依依忍着眼泪，在被子里不敢哭出声来。

她专门来找我聊天，说心里实在太压抑了，如果再不说出来会被逼疯的。

“丈夫变了心，应该怎么办？”

诺芹没好气地说：“杀死他，吃掉他的肉，骨头埋在后园里。”

对方怯怯地问：“有无更好方法？”

“有，请他走，再见珍重，不迭不送，然后振作地过生活。”

亦舒书中的这段对话写出了女性朋友在遇到男人出轨时的恨，

也写出了最理智的方法：离开他，不送。

遇见渣男，你要跟渣男掰扯，非要辨个是非黑白，全是徒劳。

有位哲学家曾经说过："这世上只有不出轨的男人，没有只出轨一次的男人！"

依依暂时不想离婚，守着这样一个花心男，你再一身正气，也早晚会被邪气袭身。

"我能够惯着你，能够宠着你，能够养着你，当你变心时，我也能够换了你。不要做一个离不开男人的女人，要做一个男人离不开你的女人！"

有的男人很花心，见一个爱一个，滥情、烂人一个，你非要在泥潭里弃自己于不顾，伸手去打捞，誓要把对方拽出来，再找一个干净的地方给他冲刷干净。

渣男不伸手，你就心痛得不行，说对方还有救，不是说什么"浪子回头金不换"吗？

李碧华说："女人的梦，一生渴望被人收藏，妥善安放，细心保存，免我苦，免我惊，免我四下流离，免我无枝可依。可是这个梦，我想我确是永远都不会有了。"

她早就说过，世间所有的故事，都离不开"男欢女爱，悲欢离合"八字。《青蛇》中的白蛇放弃了无数人艳羡的长生不老、法力无边、得道成仙，却深深被凡间男子许仙的短暂温存迷惑。那个懦弱、胆小还花心的男人，岂不就是千千万万出轨男的一个缩影？

当他与青蛇温存完以后，说的是什么呢？

他问：“小青，娘子呢？”

大多数出轨男，在接到妻子电话时，会给身边的情人做个手势，然后镇定自若地应付对方，就像一道工作流程，衔接起来严丝合缝，语气里根本没有一丝的慌张和忐忑，相反还会夹杂着一丝小小的得意。

情人问她：“有事吗？”

他竟然回应一句：“你嫂子，让我今天回家吃饭。”

“你嫂子”，这不仅是对情人的羞辱，更是对妻子的嘲讽。

当法海要带许仙去剃度时，他大喊的也是：“我不落发！我不要出家！我恋栈红尘，沉迷女色，你们是妒忌我吗？我不要学你们一样！”

许仙傻吗？他一点也不傻，他高明得可怕。

这样的个人宣言，在白蛇看来，是悔不当初，嫁给这么一个负心人；在青蛇看来，煞费苦心刺破渣男的阴暗心理真是不值。说到底，许仙从没有真爱过白蛇，他只爱自己。

他自认为的不羁，说白了就是渣男世界里的通病。

面对男人出轨，很多女人选择了忍，选择了原谅。这个最难。几年、数十年的时间，把既定事实在心里煎炒烹炸，脑子里先把污秽不堪的画面略过，再给那个男人端上一盘盘辣死个人、酸死个人、苦死个人的往事搭配好的菜肴，逼着男人一口一口吃下去。时间久了，男人嘴巴闭得死死的，撬也撬不开。女人像个祥林嫂，闹腾得没完没了，不离也得离，离了才心安。

还有一种女人，心里能忍，什么也不说穿。她们看起来温柔范儿十足，宽容、大气，不显山露水。其实，黑夜里躲在没人的地方，心里把满腔的恨意搅来搅去。

不离，心也散了。

互相折磨，互相伤害，你戳我一刀，我戳你一刀，你又戳我一刀，我又戳你一刀，彼此伤害成了家常便饭，你生活在尖刀丛生的森林里，疲于奔命。累不累，痛不痛?

男人出轨，给不给对方机会?

不给！

还是早点分手，早点解脱。时间会抚平你的伤痛——我要重新开始，用自身实力找个更优秀的男人，而不是跟背叛的人玩藏猫猫。

生活变成了藏猫猫的游戏，早晚散场。

男人一动手，请你转头就走

当我得知同事王姐已经承受家暴3年了，实在无法理解。

看着那么能干、利索、开朗的王姐，怎么可能接受这么大的侮辱，而不离开那个暴力男?

出差时，我和王姐住在一起，她喝了酒实在忍不住，红着眼眶跟我聊了起来。

男人第一次动手，是在婚礼的前3天，因为一点小事，男人打了她一记耳光。王姐挠了回去，直接挠在男人的脸上。

男人突然暴怒，把王姐推到床上，下死手掐着她的脖子，足足有一分钟之久，在漫长的60秒里，王姐差点喘不上气。

松开手后，男人好像突然变了一个人，跪在地上号啕大哭，左右开工打自己耳光，边打边骂自己不是人，不该动手打老婆。

请柬已经发出去了，婚礼已经筹备好了，王姐也实在狠不下心让年迈的父母伤心。

忍了。

可后来男人只要在外面不顺心，回来就骂骂咧咧，然后就摔碗，摔筷子，掀桌子。结婚后没过多久，王姐怀孕了。

想着肚子里的孩子，王姐又忍了，说："不能让孩子一出生就没有爸爸吧！这也太残忍了。"

有外人在的时候，男人对王姐出奇的好，甜言蜜语开口就来。

门一关，男人就对王姐挑三拣四，吆五喝六。

怀孕期间，因为心情不好，王姐奶水不足，吃不饱的孩子总会大哭，男人烦了，趁着王姐去厨房给孩子冲奶粉的空档冲进卧室。等她再次回到卧室，竟然看到男人朝着孩子的屁股狠狠地甩了两大巴掌，孩子哭得上气不接下气，小脸涨得发紫。

王姐疯了一样，去厨房拿了菜刀就跑了出来，大喊："我要砍死你，我要砍死你。"

被吓跑的男人离家后，3个月没有回家。

我把前段时间看到的一个故事讲给王姐，说一个男人打了老婆，她老婆当时忍了，然后回到娘家，叫上自己兄弟、堂兄堂弟20多人来到家里，把男人狠狠地打了一顿，男人跪在地上哭着求饶，发誓再也不敢动老婆一根手指头了。

当别人打过来的时候，我们要么打回去，要么立马走人。因为习惯向老婆动手的男人，多半心理有缺陷，或者无法抑制情绪，妄想他改好比登天还难。

每天晚上枕头边有个定时炸弹在那儿放着，谁能受得了。

在婚姻中懂得“止损”，真的是一种非常有效的人生态度。

曾遇见一个姐姐，才情极佳，说话办事特别利索，熟悉后才知道，她的丈夫因为重伤他人被判入狱，近期刚刚出狱，一直骚扰她。

为此，她花费了很大的精力来处理这件事情，好不容易才把婚离了。

原来男人早就有家暴行为，她一直忍着。敢向女人动手的男人，就敢向别人动手，酿成大祸的时候，她在家哭了整整一天。

哭是因为自己气自己，气自己不争气。

为什么不在男人第一次对自己动手时就离开?

如果那个时候自己早点看透现实，现在的生活也不至于如此悲摧。

男人一动手，要么打回去，要么立马离开。

打回去只是一时的解决方法，如果对方依然看不到自身问题，还妄想朝你挥一次拳头，请绝对不要在意外界的眼光，不要害怕今后的路，不要害怕自己再嫁会掉价，什么都不要怕，勇敢地离开他。只要你足够好，总会有一个人真心喜欢你。

守着一个恶魔过一辈子，每次在睡梦中都是被人追杀的场景，这种日子太惶恐不安。

男人只要对你一动手，家暴一次，就请立马打报警电话，去警察局报案，留下证据，说“我要离婚”。

小牧与男朋友谈恋爱时，就发现对方的暴力倾向，不仅对自己恶言恶语，甚至对自己的父母和兄弟姐妹也是恶狠狠的，为了一点小事，就动手推搡好几次。

小牧立即与对方提出分手，删除了一切联系方式。辞职，换了一个城市生活。

她说："我可不想与这样的人有什么纠缠，对亲人不好的男人，妄想他对老婆好，这比登天还难。"

如果一个男人总想用武力征服别人，除了他自身心理不健全外，还说明他的心里总是充满仇恨，根本没有爱、感恩和珍惜。

这种男人再隐忍，总有一天会爆发，从而酿成无法挽回的恶果。

每个施暴者每次打完人，都会下跪道歉，扇自己耳光，做出"保证不再动手"的承诺。等受害者情绪缓和了，他们还会找各种借口去解释自己的暴力行为，说"我是太爱你""我是因为你怎样怎样，才会做出如此行为"，然后做出"我以后一定不这样了"的承诺。

千万不要心软，女人心软念旧情是通病，可你念旧情，施暴者就会让你的旧伤变新伤。

不想让父母伤心，忍着；不想让别人看笑话，忍着；不想让孩子看到自己的难堪，忍着；身上的伤被掩藏在长衣长裤下面，脖子处系上围巾，用墨镜罩住乌黑的眼眶，全副武装，只因为我不想让你们伤心。

曾看过一个电视节目，在女子的身上运用化妆技术制造出35道被家暴的伤痕，女子站在大街上，需要35个人主动上前帮忙擦掉。因为有资料显示，遭遇家暴35次的女人才会选择反抗。每个参与活动的人，拿着湿纸巾擦伤痕的时候都小心翼翼，生怕弄疼了她。当最后一道伤痕被擦掉的时候，女子的脸上瞬间恢复笑容，神情轻松、愉悦地走开。

电视剧《亲爱的她们》中，慧芹阿姨的女儿遭遇丈夫家暴，不敢告诉父母，就是害怕他们伤心。得知消息的父亲立马去找那个渣男，老父亲在渣男上班的银行的角落里被男人暴打，那一刻我看得非常揪心，心想难道真的没有办法治得了这个混账东西吗?

为了帮女儿得到证据，老父亲被暴打的时候，不时质问对方，男人有恃无恐地说:“对，你女儿就是被我打的，知道吗？就是这样打的，反正你没有证据，你能把我怎么样？”可渣男没有想到，老父亲早已把这一切都录了下来，顺利地帮助女儿离了婚。

为了自身安全，面对施暴者威胁的时候，请提前做好收集证据的准备，家里安装监控，藏好录音设备将证据录下来，然后去警察局报案，验伤。当男人第一次朝你动手后，收集证据，离婚，必须要离开他！

威胁不可怕，可怕的是一而再再而三给对方威胁和欺辱自己的机会。

35次家暴后，女人才会选择反抗，我们要在渣男第一次家暴时就奋起反抗，把他交由警察严办。

不要让爱你的亲人看到你受伤，要让爱你的亲人清楚你会保护好自己，当男人朝你挥拳头的时候，你就要向对方挥起法律的武器。

男人一动手，请你转头就走，千万别停留。离开他，赶紧的！

三观不合的男人，没必要放在心里

阿朱是我的小学妹，经常来和我聊天。

阿朱说，《天龙八部》中萧峰面对阿紫的追求，毅然回复她："你姐姐，阿朱就是阿朱，四海列国，千秋万载，却只有一个阿朱。"他的意思说白了就是：阿朱是我的最爱，她的唯一我懂，她的唯一我要，就算她已经离开人世，她依然活在我心里。

我的小学妹阿朱也想找一个只对自己深情不休、至死不渝的萧峰。

她大学时谈了一个男朋友，男生对她不好不坏，只是大男子主义太重——你只要听我的，我就会保护你，就会照顾你，就会养你。

小学妹想考研深造，男生说："算了吧！你的工作我爸妈负责，只要你哄我爸妈开心了，他们一高兴，今后什么都有了。"

小学妹问他："是你要跟我在一起，还是你父母要跟我在一起？如果我们彼此相爱，但你父母死活就是不同意，你怎么办？”

男生支吾着搪塞，被小学妹问得紧了，男生又开始耍横，态度强硬起来，“你这个人事真多，烦不烦，问来问去，这种情况不是还没有出现吗？”

小学妹没有得到想要的答案，却留下了心结。

交往过程中，男生喜欢看科幻片，可小学妹喜欢文艺点儿的片子，不过她总是会迁就男朋友的喜好。有一次，小学妹想让男朋友陪自己去看《不二情书》，当时他在宿舍跟同学打扑克，输得太惨，被打扰后大怒，冲着小学妹大喊：“烦不烦，没长眼吗？没看我在忙吗？”

男生还喜欢打游戏，为此经常迟到、早退，甚至不去上课。小学妹劝他要以学业为主，他继续低头玩游戏说：“没有好学业我照样能有好工作，能挣大钱，谁让我会投胎呢？我命好，用不着你操心。”

三番五次之后，小学妹提出分手，志向不同、兴趣不同、价值观不同、人生观不同，实在无法再相处下去。

没想到，男生开始不断纠缠小学妹，骚扰、恶意抹黑、造谣，各种手段花样百出，让小学妹很是恼火。从那以后小学妹发誓，今后再找男朋友一定要先看清对方人品，再比较三观是否合拍。

毕业后的小学妹，一有朋友提到给她介绍男朋友她就紧张，总害怕再碰见渣男，担心梦魇重现。

她把全部的精力都投入到工作中，什么也不想，对于别人的好意，她也总是拒绝。

拒绝一次，拒绝两次，拒绝三次……眼瞅着已经27岁的姑娘了，还是单身。她也有点急了。

经朋友介绍认识了一个男生，条件一般，但说话做事挺有礼貌和分寸，两人谈了大半年，男人提出结婚的事，小学妹考虑后觉得对方也还可以，两边父母也都见面了，只差去领证了。

朋友们都在等小学妹结婚的喜帖，没想到等来的却是两人分手的消息。

原来自从小学妹答应男人的求婚后，便发现对方有了不小的变化，晚上总是喜欢跟朋友玩到晚上一两点才回家，第二天工作总是迟到，还跟小学妹说老总对自己有意见，早晚要跳槽换个更好的工作。

有一天，男人晚上12点还没有回家，小学妹四处寻找，发现他在朋友家打麻将。

其中一个瘦高的男人，恰好来了电话，接通后冲电话里大叫，“你在家看孩子，什么也不干，也不挣钱，我累了一天了，还不让我晚上出来放松一下吗？孩子病了，还不是你照顾不好，病了找我有什么用，我又不是医生。去去去，别打扰我。”

小学妹特意问瘦高男人：“你孩子多大了？”

男人头也不抬地回答：“五个月还是六个月的，我也记不清了，总是生病，我那个老婆真笨，连个孩子都照顾不好，娶了她我算是倒了八辈子霉了。”

小学妹的男朋友说了一句话："就是，这点小事都做不好，哪够格当别人家的媳妇。"说完顺势想揽小学妹的腰，让她坐在自己的大腿上，陪着一起玩。

小学妹甩开男人的手，扭头出门，跟男人发了分手短信。

男人央求几次无果，一周后就把小学妹拉黑，3个月后又谈了新女朋友，在他和小学妹两人设想结婚的日子里，办了盛大的婚礼。还让相熟的朋友给小学妹传话，"天下好男人真是不多，你太不识货了，活该你作！给你一个每天能锦衣玉食、当居家好太太的身份你不要，活该你当剩女。"

小学妹笑着说："三观不合的男人，我哪会放在心里，他是谁，我早忘了。"

我想起我的另一位朋友，她曾谈过一个男朋友，由于年轻时不懂爱，他们错误地开始，最后和平地分手。但在分手的这段时间里，前男友的微信从没有把她拉黑，也没有说过她一句坏话，总说是自己的原因，是自己不够好，是自己没有照顾好她，是自己让她受委屈了。

前男友也会经常特意去看她的朋友圈，得知她新开了一家抹茶店，新研发出了一款甜品，只是默默点个赞，什么也不说。他更不会主动给她发私信，约她，让她出来相见，只是默默地关注着她，陪伴着她，从心里祝福她。

朋友的抹茶店开了分店，在朋友圈发了图片。晚上，她意外接到对方发来的微信红包——66.66元，并且留言“祝你梦想成真”。

朋友跟我说，有的人只能爱一阵子，不能陪一辈子，可爱过的那个人没有让自己后悔过，只是因为不合适不能成为恋人、爱人，但依然可以成为朋友，我为能有这样的朋友而骄傲。

我曾在网上看到这样一个帖子：一个农村老太太支了一个小摊子卖蜜橘，一旁用纸板写了四个大字“甜过初恋”，歪歪扭扭，但路过的人都会停下来，要尝一尝这个“甜过初恋”的蜜橘到底是什么滋味。

后来我得知，小学妹前段时间在公园里遇到一个男人，两人就像久别重逢的好友，三观很合拍。接触不久后，两人便很快交往。小学妹说：“这次我对爱情的感觉是甜过初恋，真好。”

朋友也遇到了自己的白马王子，男人对她的抹茶店提出了很多建设性意见，对他们俩的未来也有了很多规划。他说：“这是我们俩的未来，不是你的也不是我的，是我们俩的。朋友说听到对方这样说，心里甜滋滋的，很感动。”

在《爸爸去哪儿3》中，有一期要给爸爸们化上老年妆，邹市明这样向老婆告白：“我特别嘱托化妆师，一定要把我化得老一点，今后我才能陪你时间久一点，我也想通过今天告诉你，一定要好好珍惜我们在一起的时候，不要想任何放弃的念头。”

徐帆参加节目时，被节目组装扮成白发老奶奶，站在冯小刚的面前。徐帆问：“如果有一天我白了头发，步履蹒跚，你还带我玩吗？”面对这满是套路的世界，“老炮儿”也红了眼，陷入感触：“没问题，那必须的！”“爱你一万年”这是不善表达的冯小刚说出的最煽情的一句话。

人生观、世界观、价值观哪一样不相匹配，这样的男人都没必要放在心上。还是那句话，假如他不能陪你度过漫长岁月，趁早让他离开。

《那些花开月正圆》的剧情中有这样一幕：周莹带着王世均、春杏和福来到了上海。置身在这个繁华的大都市，看着形形色色的人物和景致，众人都觉得大开眼界，不枉此行。

周莹无意间走进电报局，偶遇沈星移，当时沈星移因为伤了右手不能写字，正在跟伙计口述电文，听着他深情款款的情话，周莹满心都是甜蜜与感动。

电报内容是这样的：“莹，岁月如矢，倏忽余年，终不见汝只言片语，吾心戚戚，吾每忆汝，辗转难眠，情难自禁，与汝相识，实乃三生至幸，然有幸却非有缘，吾与汝相隔千里，却是万里衷肠，只盼两心相知，不负韶华。”

周莹站在沈星移身后，眼睛里闪烁着泪花，万分感动。仿佛爱情是有魔力的，沈星移感受到了什么，悄然回头，看到心中念念不忘的佳人，他们谁也不说话，就这样站着。

湖南卫视《小镇故事》的海报上有句文案，我觉得放到这里特别合适，“不会说话，却一直陪我站在时间里”。

原来你早已在我的时间里，成了另一个我自己。

沈星移默默地看着周莹，心中道："是你吗，你真的来了。"周莹则是微笑着，眼含泪水，在心中应了一声"是我"，随后两人深深沉浸在重逢的感动中。

你不对自己心狠，就不要怪别人对你狠心

知乎上说："年轻时你做了一个决定，要把生命献给爱情，后来你没死，年轻替你抵了命。"

小景告诉我这句话的时候，我有点懵。

我知道小景很爱那个男人，男人也是一个很有上进心的人。正因为对方很优秀，她才会一再怀疑自己是否具备绑住对方的魅力。

她幽怨地说："外面的诱惑太多，男人最受不了这个，比年轻貌美我没有，比撒娇温存我不会，比说话发嗲走路扭腰我学不来，我除了给对方生了一个儿子，在他最难的时候没有离开，我什么都没有。现在他动不动就是出差，一年有200天的时间他都在外面，我只能在家里守着，守着年幼的儿子。"

"儿子想爸爸了，我就穿上他的西装上衣，认真打好领带，戴上男士假发，在儿子面前假装粗声粗气地喊，'瞧，仔仔，爸爸回来了，爸爸来看仔仔了，仔仔乖，仔仔听话。'"

男人的电话总是处于占线的状态，好不容易打通电话，也只是匆匆说几句话，每次的开场白无非是围绕着孩子，“仔仔怎么了？”“我给仔仔的礼物收到了吗？”“仔仔有没有淘气闯祸？”

小景连忙回复：“孩子挺好的。”

男人声音立马冷淡下来，“孩子没事，瞎打什么电话，钱又不是没给你，我很忙，没事挂了吧！”

小景拿着手机“喂喂喂”地大叫，男人的西装上衣还在身上套着，花色睡裤灰蒙蒙的，她感觉自己好想哭。

晚上她搂着儿子睡，儿子睡梦里叫“爸爸”，她听着心更酸。

小景经常带着孩子来我家玩，会背着孩子哭泣。在我面前，她的哭泣还是隐忍的。她说从不知道男人挣多少钱，男人的朋友是谁，男人的公司情况怎样。男人回家晚了不让问，出差不让打电话，就连每次往银行卡里打钱，也是一个叫“花”的女人名字转账过来。

她说：“他不再爱我了，是不是早就有了其他人？我这算什么？独守空房，依靠孩子挣生活费的保姆妈妈，还是一个被男人遗弃，敢怒不敢言的结婚证上的名誉妻子？”

我曾劝过小景很多次，应该跟男人好好聊一聊，如果实在过不下去，那就分手。

每次我一提分手，小景就跟我急，“都说是劝和不劝分，你说得好听，罪不是你遭，你肯定站着说话不腰疼，我让你给我出主意怎么让男人回心转意，不是让你棒打鸳鸯。再者，我离开了他，怎么活？好歹对方每月给我一万的生活费，没了这个，我和孩子岂不得饿死？”

离开男人，我们就得饿死、就得遭罪、就得无处安身立命，因为我们不再年轻了，没有姿色、没有资本，只有低下头，带着满腔抱怨，匍匐在男人的脚下。装出一副可怜相，说：“我还不是看在孩子的面子上。”

孩子的面子到底有多大，可以把你所有的难堪都给兜住。

小景还是对自己狠不下心，明明心被戳了很多洞，再怎么躲藏也能看到伤口。

小文新婚一年后，选择带着孩子离开那个不负责任的男人。

她说：“没了爱和责任，只有走过场的形式主义有什么意义？空壳的家稍微压点重物就碎了。何必要等到撕破脸，你恨我入骨、我见你咬牙切齿的时候再说分开？”

你怪别人对你狠心，别人狼心狗肺，不如怪自己为什么不敢对自己心狠些？

女人该对自己心狠些的。

小文抱着孩子离开家的那晚，是一个暴雨夜。大门在小文的身后砰地关上。

雨一直在下。

马路上全是水，漫过小文的脚踝，小文用雨衣裹紧孩子，紧紧裹着，深一脚浅一脚在雨水里趟着走。路太滑，好几次差点摔倒，她靠在湿漉漉的树干上，喘着粗气。

小文是南方人，当年因为爱情远离家乡，嫁到北方，而今她又再次回到南方的老家。

单身的小文带着3岁的孩子，日夜操劳。老父母没有责怪女儿一句，只会晚上偷偷抹眼泪，心疼地说：“真不知道女儿这几年过得是什么日子，都是我们的错，当初就不该答应她的，是我们当父母的没有拦住女儿，是我们无能啊！”

母亲的腰椎间盘突出，父亲常年患有糖尿病，孩子刚到南方水土不服，经常生病。

小文除了照顾家人，还日夜不停地从母亲那儿学刺绣的手艺，想成立自己的刺绣工作室。母亲一身的好本领，以前要教给女儿，女儿却总说那是老掉牙的东西，不喜欢。现在，小文缠着母亲教自己，她说喜欢一针一线的宁静，喜欢挑选花色时丝线绕在指尖的感觉，喜欢自己设计的图案成形的模样，喜欢看到母亲赞许的微笑。她也喜欢看到父亲坐在窗前的躺椅上，儿子趴在外公肚子上睡熟的样子。

她成了别人嘴里名副其实的绣娘。

小文的工作室在临街门面房，很小，没客人的时候，她就坐在窗边认真刺绣。

她四处去学习，请教，专门招了一个有灵气的姑娘，教她手艺。她省吃俭用，又把隔壁的门面房租下来，开了一个免费学习班，教大家刺绣。她还去学校给孩子免费上手工课，讲述中国的刺绣历史和刺绣技艺。

她一点一点地影响了很多人，让很多人知道了刺绣，喜欢上了刺绣。

我一直认为，开业两年的小文生意一定做得不错，经济收益肯定也是可观的，可她告诉我，其实不然，自己挣一点钱，就为家人置办一点东西，再挣一点钱，就花在了推广刺绣的公益项目上，自己没有什么积蓄，也没有挣下什么钱，但是自己挣下了名声，得到了社会名誉，这种无形的精神财富是无价的。

她为了学好刺绣，用眼过度，曾患过眼疾，每个手指都被针扎过。最初推广自己的项目时，经常被别人轰出去，被别人推搡出办公室，被别人喊骗子，她都没有掉下眼泪。

在母亲六十大寿时，她花费5个月时间，偷偷给母亲制作了一件精美的刺绣旗袍，她送给母亲时，母亲哭了。老父亲夸赞道，“真漂亮，穿上好年轻哦！”儿子奶声奶气地说，“妈妈真棒。”

在英国威斯敏教堂的地下室里有一座墓碑，上面写着这样一段话：

“在我年轻的时候我曾梦想改变这个世界，可当我成熟以后我发现，我不能够改变这个世界；于是我将目光缩短一些，那我就改变我的国家吧！可当我到了暮年的时候我发现，我根本没有能力改变我的国家；于是我最大的愿望仅仅是改变我的家庭，可是这个也是不可能的；当我在床上行将就木的时候，我突然意识到、如果当初我仅仅是从改变自己开始，也许我就能改变我的家庭，在家人的帮助鼓励下，也许我就能为我的国家做一点事情，然后谁知道呢！说不定我能改变世界。”

在困境中勇于改变自己，才是爱自己的表现。

法国著名作家玛格丽特•杜拉斯曾说：爱之于我，不是肌肤之亲，不是一蔬一饭，它是一种不死的欲望，是疲惫生活的英雄梦想。

其实哪种爱都是我们疲惫生活的英雄梦想。

爱父母、爱子女、爱生活、爱事业、爱众人、爱历史、爱传承、爱人文、爱情怀，哪一种都是一种不服输的爱。因为只要是爱就难免会受到伤害，伤害是为了更好地成全爱，让我们懂得爱，珍惜爱，这不得不说是爱的另一种痕迹，一种刻骨铭心的痕迹，正因为有了这些东西，我们的爱才会弥足珍贵。

这是一个不断变化、有爱的世界。当别人对你狠心的时候，请务必记住你要先对自己心狠，心狠是先把心中的狼狈、不堪倒空，再像一个斗士一样，把赢来的信念、希望、未来，一样样填满。

只有先对自己下狠手，才会不畏惧生活的苦，才会勇于迈出牢笼。困兽总是会做无谓的争斗，只有站在牢笼外面，你才能伺机而动，得偿所愿。

抱怨的人生，往往一塌糊涂

对于小牧来说，她曾经亲手丢弃了太多东西，而今当她重新找到的时候，她笑着说："我还这么年轻，走点弯路，不算出丑吧！"

"不算，不算，现在的你最美了，你知道我绝不说恭维的话。"我微信回她。

小牧脸上有一道疤，伤在脸颊处，当时她半夜骑着自行车回家，路上被车撞了，爬起来觉得脸上湿湿的，伸手一摸，身后一道汽车的远光打来，她才看清原来是满手的鲜血。

她一个人在不远处的社区医院进行了简单的清理，消毒，缝针，十一针，还是三角形的十一针，想想就可怕。

在换药的那段日子，小牧不敢看伤口，总是不停地问医生、问护士，"我会留下伤疤吗？"

他们都异口同声地说："放心吧！姑娘，不会的。"

说的次数多了，小牧就信了。

拆线那天，小牧最后一次问，一位胖乎乎地护士说：“姑娘，你自己想想，被树枝划一下都可能留下一道疤，何况你的情况。”小牧的眼圈瞬间红了。有四五年的时间，小牧都很自卑，左侧厚厚的头发垂下来，盖住半边脸。

小牧谈了一年的男友，得知小牧的脸受伤，直接说了分手。

分手那天，小牧哭着求男人不要走。男人被纠缠得烦了，大骂：“瞧瞧哪个女孩子脸上有那么难看的一道疤？要不是你听话，早把你甩了，也不拿个镜子照照自己是什么货色……”

那段时间，失恋后的小牧在工作中屡屡犯错，被上级领导批评了好几次。时间长了，她的心态也变了：凭什么我辛苦工作的时候不吱声，一点小错就天天嚷嚷，有意思吗？难道就因为自己丑，没人罩着？

一气之下，小牧辞了职，打算自主创业，可她没有创业的经验，赔了不少。

后来通过朋友介绍，小牧遇到现在的丈夫，匆匆把自己嫁了。

结婚后依然万分不如意的小牧，开启了抱怨模式，抱怨男人不会挣钱，不够浪漫，不懂生活。她家务做多了要抱怨，地板上有水了要抱怨，鞋子不干净了要抱怨，电视声音大了要抱怨，卫生间的灯没关也要抱怨。

她很少回父母家，抱怨父母没给自己把好关，嫁的男人不是潜力股。

她很少参与朋友聚会，抱怨朋友在自己最难的时候，不借钱给自己，害得自己创业失败。

她很少去商场，抱怨东西卖得那么贵，谁能买得起。

她很少去健身，抱怨跑跑步就行，何必花钱买罪受……

其实我很想告诉她，很多年轻姑娘，有的后背整个都是烫伤，有的遭遇车祸断了腿，有的被大火烧伤了脸，但依然热爱生活，从不抱怨。你凭什么要变本加厉，用不堪的抱怨声去惩罚那些爱你、帮助过你、心疼你的人？

只因为他们没有告诉过你，现实是残酷的，生活是不可预测的吗？

别再臆想什么“如果”，只要心中不服气、不服输的激情还在，你就不能任由自己一点点老下去。相由心生，一点瑕疵挡不住你的光芒，你很美只是不自知。

不管是谁，不管什么时候，我们都来得及认真去爱，认真守护幸福，保持永远的年轻心态。

年轻不是我们后悔的一场梦，而是每个人迎战生活的开幕曲。

《不抱怨的人生》一书中写道：“诚实面对情绪，安于自己的不安，对发现的不足不必惊慌，既然已经产生了，就应该诚实勇敢地面对它；就应该想办法结束它，才能最终安于自己的不安。”

诚实面对比逃避需要的借口和理由少多了。

小牧意识到自身问题，认真准备后，给招聘网站投了几份简历，与丈夫敞开心扉深入交流，找朋友们挨个道歉，并且专门向父母说了对不起。

小牧还剪了短发，瓜子脸露了出来，上了妆的伤疤不再明显。

丈夫把家里的墙壁亲自刷成小牧喜欢的颜色，还陪她去听了一场林俊杰的演唱会。

朋友送了小牧一件价格不菲的大衣，说：“送你的，谁让你是我的好朋友？”

父母给小牧熬了她小时候最喜欢喝的红枣莲子羹，偷偷放到她家的冰柜里，留着字条说：“丫头，别忘了喝，你喜欢甜的，这次多给你放了糖。”

小牧应聘成功，入职一家理想的公司。与丈夫的三周年结婚纪念日也过得很浪漫。朋友送的高档大衣，小牧专门穿着去参加了一个高档酒会。父母给小牧肚子里的宝宝准备的小衣服、小裤子、小帽子，都是亲手缝制的。

她跟老公说：“我是不是老了，你看我眼角都有皱纹了。”

老公笑着说：“哪有，在我心里你最美，永远18岁。”

小牧说：“我以后肯定会加倍热爱生活，有人越活越好，我感觉自己越活越年轻，放下执念，方得圆满。”

于丹曾回答记者的提问：“一个人爱抱怨的根源是什么？”她认为是不满意。

不满意源于不接受。

人到这个世界上来，面对任何不如意的事情，你只能采取两种对策：第一，接受；第二，改变。

她讲了一个自己很喜欢的故事：

弟兄俩做手工陶瓷，每年会做一百多个，并且绘上精美的釉彩，做成精美绝伦的艺术品。然后，他们漂洋过海，把这些陶瓷用船运到一个海滨城市，换来一年的口粮，再回到小镇上去生活。

这一年，弟兄俩又出海。快靠岸时，遇到狂风恶浪，所有的陶瓷被打得稀烂，成了一堆瓦砾。哥哥号啕大哭，抱怨天气，不知所措。

弟弟一言不发，上岸考察。他发现这个城市比想象的还要发达，房地产业蒸蒸日上，家家户户都买新房忙装修呢！弟弟回来后，抡起锤子，把烂罐子砸得粉碎，对哥哥说："咱不卖罐子了，改卖马赛克。"

最后，一船不规则图案、大大小小的瓷片，在集市上被抢疯了。兄弟俩获得的利润比卖罐子还高出很多。

你看，这就是接受，并且改变。

有独立生活方式的女人，有自我价值空间的女人，有睿智和悟性的女人，活得特别浪漫的人，因为她们有创造力，有自我修复力，有自我成长空间，肯定不会无故索取和抱怨。

守护孩子，就是守护希望

我看过一个采访视频，离婚了要孩子还是要房子？男女回答差别好大！

大多数男人都会地回答，当然要房子了，离婚后，房价这么贵，孩子容易生，房子不容易买。

而几乎全部的女人回答都是，要孩子。

孩子是人，和房子不能比，房子没了可以再买，可孩子没了就没有了。

自己生的孩子肯定要自己带，房子再值钱，没有孩子重要啊！

孩子是无价的。孩子是活的，房子是死的。

……

现在的梅子特别庆幸当初离婚时选择了孩子。

离婚不久，梅子在车祸中失去了双腿。在那段痛苦的经历中，她和普通人无二，也是无法接受现实，要死要活，绝食，拔掉输液管，对家人喊“滚出去”，把做好的饭菜打翻一地。只有在年幼的儿子面前，她是冷静的、是隐忍的，每次都是急忙把眼泪擦干，勉强挤出一丝苦笑，语调尽量放轻松，柔声细语地对儿子说：“妈妈一定会好起来的，放心吧宝宝。”

儿子有一次太困了，躺在妈妈的病床上睡着了，醒来后高兴地说：“妈妈，等我长大了，你想出门了，你想做事情了，我就把我的腿借给你，等我需要的时候你再还给我。”

梅子笑了，真的笑了，眼泪顺着张开的嘴角，跑了进去。

现在梅子的儿子长大了，成了一个壮小伙子，可以背着妈妈楼上楼下地跑。为了能更方便地照顾好妈妈，儿子的单人床有段时间与妈妈的床挨得很近，他中午躺在床上休息，不一会儿就发出了轻微的鼾声。梅子醒来，经常看到儿子半个身子没盖好被子，一条腿露出来，伸到她腰以下的地方。

那天我去看望她，门没锁，我敲门进去，看到此情此景，有一刹那，我仿佛看到梅子真的长出了两条腿，好像从来没有离开过一样。

梅子经常在朋友圈里分享消息，“我给儿子编了一条围巾”“我学会上网了”“我的十字绣做好了”“我接到了一份手工活”……

她还建立了一个公益爱心热线，给别人送去爱心，为别人开解烦恼，用自己的经历和感悟去帮助那些需要帮助的人。

她身边的朋友越来越多，大家都叫她知心大姐。

在她45岁生日的那天，有人给她画眉，有人给她涂口红，有人给她做指甲，有人给她染头，有人教她唱民歌，有人给她跳舞，有人给她念诗歌。

席间，优雅漂亮的梅子坐在轮椅上，满面春风地说：“我从来没有认为自己是个废人，虽然我身体残疾，但我的心是完整的，我除了可以爱自己、爱家人，还可以爱这个社会，爱帮助过我和需要我帮助的人，我很幸福，我很好，从来没有这样好过。”

卢梭说：“对于一个善于理解幸福的人，旁人无论如何也不能让他真正潦倒。”

儿子带着女朋友回家了，很可爱的女孩子，在厨房里忙来忙去，嚷着让阿姨尝尝自己的手艺。

梅子的假肢也联系好了，很快就有专门的人员来家给她安装，以后她再出门，就有了专属于自己的一双腿。

从前，圣者克利斯朵夫背着一个孩子过河，那个孩子非常沉重，他历经千辛万苦终于到达彼岸。

克利斯朵夫问：“孩子，你叫什么名字？”

孩子回答：“我是未来的日子。”

人生不过如此，守护孩子，就是守护希望。

孩子的出现，能让父母把生活的希望从泥潭里打捞出来，在阳光底下晒一晒，就能慢慢变成一个美好的童话世界。

当我们守护孩子的时候，守护的不仅是一份童心，还有一份真心。

爱是互相的，当你守护孩子的时候，长大后孩子自然会守护你，守护这个世界。想让人心向善，就请守护自己纯洁的心灵，别让孩子从小就看到成年人生活中的不堪和狼狈，让他对未来和爱情、婚姻产生恐惧心理。

第五章

女人“缝补”婚姻，有智慧才幸福

感情修复期，自尊跟认输无关

看完电影《前任3》，很多朋友探讨孟云与林佳明明心中还有对方，为什么不能冰释前嫌，怎么就莫名其妙错过了呢?

其实影片一开始孟云就提到:“自己太累了，五年里每次吵架都是自己去哄林佳，自己向林佳道歉。”

林佳也提到:“孟云在外面各种生龙活虎，回家就死猪一只，就不能留一点点精力在我身上吗? 不管物质还是心理，我到底占了你百分之几。”

两人吵架后，各自耍着花招磨蹭时间，等着对方主动来求和。等来等去，不想走的走了，想挽留的没开口。

本来错过未必是一个无法弥补的错误，在这段感情修复期里，两个人都自以为是高傲的黑天鹅，最后都被无聊的自尊弄得狼狈不堪，撕扯着感情的裂口，越来越宽、越来越深，直至各自站在悬崖的两边，再也无法逾越。

心中还有爱，要放下就很难。

我很喜欢影片最后，孟云穿着至尊宝的衣服，站在大街上，镜头中他缓缓带上金箍，再抬头已经泪流如河。镜头的另一边，对杧果过敏的林佳打开两箱杧果，大口大口拼命往嘴里塞，眼泪滴答滴答地落在桌子上。

只因为相爱时，彼此有过一次对话。

林佳："你不要我怎么办？"

孟云："那我就像至尊宝一样，去最繁华的街道喊一百遍'林佳我爱你'。那你不要我了怎么办？"

林佳："那我就吃杧果，吃到死为止。"

分手的仪式感谁都记着，可在这段感情的修复期，他们明明有很多次机会复合，却一再错过。究其原因，大多是自尊心作祟。

谁先低头认错谁就输了，可输了一时的小情绪，却能取得双赢的爱情，他们却忘了。

张小娴说过："爱情可以排除万难，排除之后，又有万难！"感情在遭遇破坏时，应放下所谓的自尊，做到良好沟通，调整现有的生活模式，多关注对方，危机才能有效化解。

我认识一位年薪百万的高管欣姐，在公司说一不二的主，可只要回到家，立马开启"小鸟依人"的生活模式：

老公，今天我累了，麻烦亲爱的能不能帮我捶捶背？谢谢老公；

老公，今天做什么好吃的？太美味了，谢谢老公，你辛苦了；

老公，今天是我们结婚三周年纪念日，这是我送你的礼物，我的呢？

老公，卫生间的灯坏掉了，能不能吃完饭给换上；我想早点洗澡，今天我买的新睡衣到了，我想早点穿给你看……

再辛苦，男人也乐意。

欣姐特意跟朋友学了理发的手艺，从那以后，老公的发型只归她打理，就算最初的效果不够理想，老公心里也是美美的。

欣姐特意买回情侣装，只要一出门就换上，拉着老公的手，给他讲笑话，逗他开心。

以前的欣姐可绝不是这样的，她总会不自觉地把职场的工作模式带回家中，说话的口吻常会流露出趾高气扬的感觉，对老公的要求特别高。

男人有自己的木雕工作室，小门店、小生意，收入微薄。欣姐怪他不能赚钱养家，还不务正业。男人也是有自尊的，为此与欣姐吵过很多次。

起初男人还会道歉，换位思考，觉得她在外面受了委屈无处发泄，肯定要与亲近的人发发脾气，自己该忍忍。

可一忍再忍，男人也觉得希望太过渺茫，每次都是自己主动说对不起，也太累了。而且很多时候都是欣姐无理取闹。最严重的一次，男人直接大喊：离婚！

人们日常所犯的最大错误，就是对陌生人太客气，对亲密的人太苛刻，把这个坏习惯改过来，才会天下太平。

欣姐也意识到这是自己的焦虑症，焦虑面前人人平等，她把自己的焦虑转嫁给心爱的人，可对方也有压力，也会焦虑不安，双重压力和负面情绪压到一个人的身上，谁都会忍无可忍。

从那以后，欣姐要求自己，工作的情绪绝不带到家中，回到家自己只是小女人、小妻子，开启两种生活模式，家庭生活模式和职场生活模式，来回切换，娴熟运用。

她会向男人撒娇，会向男人要礼物，会听男人木雕作品的设计灵感，会陪着男人在工作室里一待就是一整天，男人认真工作，她认真读书。

她会经常说，老公你辛苦了，老公你真棒，老公你太帅了，老公你这个作品真漂亮。

她会对自己做错的事说对不起，“是我错了，老公你罚我吧！要不罚我刷碗一个月好不好？好不好？”

以前欣姐是不屑于撒娇的，说那是小女人才会做的事，可自从她试验几次后，效果出奇的好。老公还夸她越来越年轻了，眼角纹都不见了。

有一次欣姐遭遇职场恶人陷害，董事长提出让她暂时回家休息一段时间，那段日子是欣姐心情最难受的日子。她为了不让老公担心，一直瞒着，被发现后，老公拿出一个存折告诉她，“你不用担心，我工作室的收入已经越来越好了，也已经有了好几个大订单，放心，我能养活你！”

老公说：“对不起，是我疏忽了你的感受，我向你道歉，因为我不是第一个知道这个消息的人，只能说明我这个老公不称职，以后你静观其变，我肯定好好改正错误，多关心你，多关注你。”

当欣姐讲起这段往事时，脸上露出了小女人幸福的笑容。

放不下自尊心的人，多半是没有自信的人。

有自信的人，会勇于改变自己，展现自己，疏导别人，引导情感的主流向。

死守着刻板的脸，谁看到了都烦。

习惯了一种生活节奏，一成不变，谁都会烦。

人都是多面小能手，在亲密的爱人面前，根本没有低贱和高贵之别，找到矛盾的核心，主动请缨，展开双边和谈，把问题摊在桌面上说。

生闷气，发小情绪，心情不爽，没来由的烦心都是有原因的。彼此互相沟通，找出问题点，制订彼此的改正策略，开展批评和自我批评。经常自省的夫妻，肯定能走得长久。

把话藏在心里让别人猜，猜不对就乱发脾气的行为太不可取。

生活需要不时的小惊喜，而不是不时的小折磨。先有一颗爱的心，再配上宽容、真诚的胸襟，不怕矛盾不会和解。

化解争吵技巧多，幽默最重要

年轻的时候，我对于周星驰的无厘头电影没有太大的感觉，经历很多才明白，要想知道对方是不是真心爱你，那就摆开阵势吵一架！

在《大内密探零零发》中，阿发和发嫂吵架，发嫂生气地嚷嚷要离家出走，可每次都躲在桌子底下，等着阿发来找她。发嫂的理由很充分，“我躲在桌子底下你才能找到我，我怕你找不到我嘛！”

我躲藏的地方就是你容易找到的地方，给你台阶下，你还犹豫什么?

阿发有时骂得狠了，发嫂也生气，“哎！我只是个血肉之躯，你每次都这样骂我，不知道哪一天我就忍不下去了。”当阿发指责她说：“那你走啊！”发嫂不接茬，说：“我去洗澡了。”

再次吵架时，两人吵急了，阿发没控制住情绪，又让她走，她一脸真诚地看着阿发，好像什么也没发生过，关切地说：“你会不会肚子饿，我下碗面给你吃？”

看似风马牛不相及的“吵架”对话，却是阿发和发嫂另类的感情表达方式。恋爱、婚姻中的两人总有磕磕绊绊、情绪难以自控时，深爱对方的人，总会在吵架这场战争中选用机智、风趣的形式迅速结束战争。

有资料显示：亲密关系中的独立，不是任由自己情绪化的发泄，或者为了不面对冲突的回避，而是当关系中出现矛盾，我们能给自己一个安全的基地去休整待发，而不是带着不达目的不罢休的气势和一眼望不到头的纠缠进一步伤害彼此之间的关系。

化解争吵技巧多，幽默最重要。吵架时，以冲动开始，以幽默结束，给伤害一个软着陆，不失为一种良策。

昨天有位叫小樱的女性朋友给我打电话，我能听得出她刚刚哭过，而且应该是号啕大哭，嗓音低沉、沙哑，还有压抑感。

聊过我才知道，原来她在跟一个出租车司机生气呢。

外面下着瓢泼大雨，小樱跟丈夫因为琐事大吵一架，心情糟糕透顶，于是约朋友去了酒吧喝酒、唱歌。一个人打车回来时，因为居住的楼很偏僻，在小区的最里面，小樱非让司机给送到楼下，可司机以家中有急事为由拒绝了她的要求，并催促她赶紧下车。

小樱死活不依，说要投诉对方服务态度不好，对方忍了好久，实在忍无可忍，与小樱呛了几句。她撸起袖子冒着大雨下车，猛地拽开司机的车门，要跟司机好好理论理论。

对方骂她一句“神经病”，就把车开走了。

大雨中的小樱被雨水一激，酒醒了大半。她站在雨中，脑海中浮现一个问题：对啊！我怎么变成这样了？

回到家，男人早已出门，屋子空荡荡的，就像她没着没落的心。

她明白，自己与爱人已经渐行渐远，曾经亲密无间的两人，在争吵不休的几年里，脸上的戾气加重，笑容全无。

她还爱着对方，只是这种爱不知道如何表达。

每次吵架时，自己总想争个高低，吵不赢对方绝不罢休。起初男人还反驳几句，慢慢地，他只会充耳不闻，时间再长点，就是直接摔门而去。

他懒得再吵，懒得再争，懒得再与她交锋。

现实中，有多少夫妻在婚姻中活成了彼此的差评师，双双走向自暴自弃的不归路。

朱德庸说：“高难度的爱情，是月色、诗歌、三十六万五千朵玫瑰，加上永恒；高难度的婚姻，是账簿、证书、三十六万五千次争吵，加上忍耐；高难度的人生，是以上两者皆无。”

我们很多人在亲密关系中所打的仗，多半不是现在的仗，而是打过去没处理完的糊涂账。心理学家黄维仁的这句话，说得特别到位：心中有怨气会让两个人长久保持备战、对抗、攻击的状态，也让彼此不由自主地想去惩罚对方。

一个情商高的成熟女人，一定要懂得让自己的脾气和性格收敛自如。该发火时当然要发火，同时也要记得及时收住。

信任危机到底该怎么弥补

我的一位读者朋友曾给我讲起她的故事。

第一句话是，以前我对老公很不信任，自己很痛苦。

第二句话是，现在我对老公特别信任，珍惜我们的婚姻，自己很幸福。

暂且把这位朋友称为小紫。

小紫说，她老公在她之前有一任前女友，而且还是初恋。两人相恋后，她不止一次问过对方为什么喜欢自己。

他说："喜欢就是喜欢，没有理由！"

她觉得对方在敷衍自己，心中不悦。婚后，老公要去参加大学同学聚会，小紫曾问他那个人会不会参加，老公则回答，"听别人说，她有事不去了。"

结果事后，小紫在老公的手机里看到了聚会的照片，那个女人不仅去了，而且合照时光彩夺目地站在人群的中间。

小紫认为老公肯定是在骗自己，为了防止心爱的男人被别的女人夺走，她事事让老公跟自己报告，早起要告诉她行程；中午她会赶到老公工作的地方，在楼下饭店等他一起就餐；晚上再偷偷查看老公的手机通话记录，网上的浏览记录，以及微博、微信等。

老公一回家，她会找机会偷偷检查老公的脖子，闻老公身上的味道。

一个新婚不久的女孩硬生生逼着自己去看侦探小说，翻看《婚姻法》最新解释。

那段时间，她是痛苦的，她明白这种痛苦的根源是太爱了，才怕失去。

太爱了，才怕被夺走。

小紫发现自己过于敏感，敏感的根源是没有安全感，对自己不自信，这是自卑的表现。她不想再这样，于是给自己放了长假，不再听信朋友有心无心的道听途说：

你老公那么帅，一定要看牢了；

你还不睁大眼，别哪天有小妖精把你老公叼走了；

我看你老公跟一个小姑娘进了电梯……

小紫独自去国外旅行，调整心情。

在海边，她遇到一对同样来自中国的老夫妻，结婚30年的马叔、李姨。

他们告诉小紫，这已经是他们去过的第十个国家了，他们约好每年去一个国家，直到再也走不动了。

马叔给李姨拍照时，特意从身上的挎包里拿出浅蓝色的丝巾为她系好。

李姨给马叔拍照时，特意从身上的挎包里拿出手帕纸，细心为他擦掉脸上的汗。

最后小紫给两人拍照时，马叔特意弯着腰，保持与李姨相差无几的身高。

原来，李姨比马叔矮不少，她最不喜欢他的高个子，每张合影里，马叔都会特意弯腰，他已经保持这个姿势30年了。

小紫虚心请教，“怎么能让婚姻这么幸福？”

李姨笑着说：“信任他，珍惜他，爱他，给他自由！不要想拴住男人，你可以拴住他的人，却拴不住他的心，既然如此，为何不先降服他的心，再给予他行动上的自由。”

小紫不傻，她翻看了很多资料，看了很多有关婚姻的文章，记得周国平说过：“一个好的伴侣关系，应该是以信任之心，不限制对方的自由，又以珍惜之心，不滥用自己的自由。”

“爱情是人生的珍宝，当我们用婚姻这条船运载爱情的珍宝时，我们的使命是尽量绕开暗礁，躲开风浪，安全地到达目的地。谁要是故意迎着风浪上，固然可以获得冒险的乐趣，但也说明了他对船中的珍宝并不爱惜。好姻缘更要靠珍惜保护，珍惜便是缘，缘在珍惜中，珍惜之心亡，则缘尽。”

信任加上珍惜，好姻缘才会长久。

小紫回到家中，敞开心扉与丈夫好好沟通。丈夫表明真心后，对小紫的疑问都一一解释，告诉她不要瞎想，“你老公可不是花心的男人，我爱你就够了，哪还有心思爱别人”。

自诩为“受害者”，这种心态要不得

法庭上，一个披头散发的女子指着原告席上的男人破口大骂：

我为了你，失去了5年的青春，现在你想要跟我离婚，门都没有。

我为了你，养孩子，照顾老妈，现在你想把我甩了，想都别想。

我为了你，工作辞了，事业黄了，自己废了，现在你想把我踢出局，做梦吧！

……

法官大人，我就是一个彻头彻尾的“受害者”啊！您一定要为我做主啊！

我绝不离婚，耗也要耗死他！

这曾经是朋友小玉在法庭上狼狈不堪的一面，然而谁也不会想到，仅仅半年时间，她竟然又与丈夫重归于好。

自诩为“受害者”，这种心态要不得，唯有打破僵局才能有转机。

小玉丈夫最初只是职场小员工，收入少，职位低，回到家里总是没有底气，小玉怪他不努力，害自己过这种苦日子。

丈夫也是有自尊的男人，一个偶然的机会，有朋友牵线，他提出想把家中的一点积蓄拿出来，投资别人的生意。小玉要男人必须写下保证书，保证生意稳赚不赔。男人无奈，只得同意了。

第一次确实小赚，第二次也有不少外快可以拿，第三次投资的公司因为不可控因素，出现了经济问题。

为此，小玉跟男人大吵大闹，“我的命真苦啊！怎么嫁给这么一个没有眼光的男人，我这上辈子到底做了什么坏事，让我这辈子遭罪。我不甘心啊！”

男人忍着心中的怒火，调整方向，抓准机会，借了朋友一些钱，再次出手，这次赚了大的。有了第一桶金，他创建了自己的公司。

3年的时间里，钱一直投，一直借，一直从银行贷款，每次看不到男人把钱往家里拿，只往外投，小玉就伤心，她总是说：“我看不到希望啦！你借个天大的窟窿以后我们怎么还？”

男人拼死护着他的公司前行，终于渡过了创业最难的日子，生意越来越好。

小玉又开始担心男人有了钱就变坏，盯男人盯得特别紧。

被勒得喘不过气的男人提出了分手，但他尽最大能力补偿她。

这种日子真的没法过下去了。

小玉怪男人肯定是心里另有他人了，要抛弃糟糠之妻，是陈世美再世，早晚被老天爷劈死。

男人不再争辩什么，只想早点结束这场滑稽不堪的婚姻。

小玉总说自己没有安全感，其实她的这种心理正是导致婚姻不幸福的九大心态中最重要的一项，那就是始终把自己摆在受害者的位置上，把自己命名为“受害者”。

别人已经在奔跑了，你停在原地不动，还责怪别人跑得太快。

精神不同步，生活不和谐。没有追求，只有索取。别人会累、会烦，也会有想要放下的一天。

小玉经过朋友们开解，还被好友带着专门去看了心理医生，把她的心事说出来。这才明白，原来自己一直以来的心态是不健康的“受害者心理”，自己从没有成为人生的掌舵者，而是把自己的责任、压力、不快乐转嫁到别人身上。

小玉主动与丈夫联系，认真检讨，指出自己的问题，并与对方进行了有效的沟通，最后又以情动人，让对方再给自己一个机会，再给自己半年的时间，如果半年之后对方再提出离婚，自己会无条件接受。

男人选择了撤诉，并提出把她介绍到朋友的单位工作，从家庭琐碎的杂事中撤出来。他还雇了保姆，把老人接到身边，方便照看孩子。

小玉重新进入职场，没过多久就顺利融入其中，工作也越来越顺手。小玉从内到外的精神面貌发生了巨大变化。当然也获得了男人的认可和尊重，成功修复了婚姻的裂痕。

当小玉被公司领导提升为主管时，恰好是他们结婚五周年纪念日。

男人推掉一切工作，专门在家准备了烛光晚餐，还送了小玉礼物。

当听到他在自己耳边小声说“老婆，我爱你”，小玉含泪说：“我再也不要充当‘受害者’了，我要把握人生的主动权。”

受害者心态是指一种认为“自己是受害者”的想法，认为自己在生活里处处遭受着不公平的对待，而自己对此根本无力控制。

我这里指出的受害者心态，是一种不健康、不健全的心理防御机制。

有这种心态的人总是乐于把自己放在一个“受害者”的角度上，除了不成熟的身心状态外，还有一种不愿意承担责任的潜意识。只要一有机会，他们便会在人际关系中指责别人：“一切都是你的错！”

受害者心态会让你不由自主地想依赖别人，你的快乐往往建立在对别人无止境地索求上，最常见的就是亲密关系里的过度依赖。

疼我，关心我，无处不在地帮我解决难题，哪怕你完成了九千九百九十九件，只有一件处理得稍不如意，受害者就会摆出一副委屈的表情，觉得对方是在敷衍自己。

大多数善良的人一开始都同情这些所谓的“受害者”，可这份同情未必能长久，因为“受害者”的这种心态会是一个无底洞，一个巨大的吸盘，会把人们的善良搅碎，然后大口吞下。这种心态注定会永远不知餍足。

“受害者”还有另一重心理，那就是觉得自己再努力也不能成功，再辛苦也改变不了什么，再奋斗也无法扭转乾坤。一旦遇到挫折，他们往往不从自身找原因，反倒是从其他人身上找问题，指责对方不用心、不负责、不行动，只想“等”“靠”“要”。

自我成长是打破受害者心理的重要方法。受害者心理会让人原地不动，或者不断退步，而自我成长则会敦促你努力向前。

马伊琍在电视剧《我的前半生》开播前，在微博上写道：“30岁碰到夏琳，40岁遇到子君。前半生的路上没有对错，唯有成长。不念过去，不畏过来。”

剧中，子君经历当下都市女性普遍面临的婚姻、家庭、事业的各种抉择和考验，最终实现了从全职太太到职场丽人的完美逆袭。

马伊琍说：“子君的价值观变化着，她在反省、在思考，我喜欢她的原因是因为她在成长。”

在《ELLE》的专访里，马伊琍谈及自己对于罗子君的个人看法：“我不信每个人一辈子都能时时刻刻活得体面，生活总会让你碰到不堪的时候。你如果没有经过30岁到40岁的变迁，就没有资格去指责别人处理某个事情时不够体面。人很容易失去客观，也会下意识隐藏不体面的部分。很多对罗子君的批判，其实是对自己在相似情境下不体面的厌恶，就好像很多大人在指责孩子的缺点时，恰恰是因为这重现了他们自己身上的无能。”

谁都不是全能选手，可以把整个人生赛道跑完，我们总会在某个阶段放慢脚步，修正航道，树立短期目标，唯有这样你才不至于对一眼望不到头的未来丧失信心。

生活是需要打磨的，自我成长的过程就是一个不断打磨自己的过程。

没有一个人生下来就是“受害者”，都是自己过于依赖别人，把自己惯成一只树懒，我们应让自己变成一匹骏马，去探索远方新的风景，让自己拥有新的视野，而不是困在原地，甘当井底之蛙。

远方等着你，你来，它就在。

温柔的坚持，挽救边缘婚姻

婚姻生活中，夫妻之间要想心心相印、亲密无间，彼此具有安全感，就必须了解对方的心理需求，才能达到婚姻的和谐、美满。

所谓“和谐婚姻”，就是夫妻之间能够相互尊重，和谐共处。和谐是王道，和谐是前提，和谐才是幸福婚姻的前提。

不和谐、不合拍，不在同一频道上，一方付出，另一方没有应答，婚姻中的步调总是不一致，一旦这种不和谐的现象表现出来，初期还能互相将就；中期就会出现互相埋怨的现象；后期难免就开始麻木、冷漠，对婚姻失去耐心，严重者甚至会分道扬镳。

曾经无话不谈的夫妻，经过多年婚姻生活的磨合，好的棱角会磨圆，坏的棱角反而尖锐起来，一方希望另一方理解自己，另一方责怪对方不能换位思考，闹来闹去，成为危险的边缘婚姻。

只需要再加上一点风吹草动，婚姻这张纸就会被吹破。

我曾看到一个催泪的爱情短片，主题是：别在日复一日的习惯中，失去了爱情。

电影中，男人给妻子买礼物，妻子看都不看，面无表情地说："我知道了。"他在妻子的身上再也看不到爱和关心，只有日复一日的重复。他知道自己失去了爱情。他觉得自己不爱妻子了，提出了离婚。妻子提出的离婚条件竟然是：我希望你在这一个月内，可以照着我说的话去做。

第一天，男人上班出门时，妻子说："你抱抱我。"外出时，妻子说："你可不可以牵我的手？"睡觉时，妻子说："我想听你说'我爱你'。"男人敷衍了事地拥抱妻子，浅浅地牵手，说"我爱你"。

第二天，男人睁开眼，妻子说："你可以亲亲我吗？"两人出门买菜的时候，妻子又让丈夫牵自己的手。晚上又让对方说"我爱你"。

第三天，第四天……皆是如此。

时间一天天过去，妻子不再跟男人要抱抱、要亲亲、要牵手、要他说"我爱你"。可男人都会主动去做。

在这段时间，他们的关系变得无比融洽，他又感受到了自己对妻子的爱意。

当他以为妻子在雨天遭遇车祸，发疯般地跑过去，抱着伤者难受地大哭，最后发现竟然是一场误会。他发现妻子在自己心里的分量是如此重，重到他终于意识到，他爱她，只是日复一日的习惯和两人的不善表达，让他们以为失去了爱情。

尼采说过：“结了婚以后，如果两个人太近，就好像你老用手摸一张金子般的铜版画，摸到最后，就剩下一张破纸。”错位的习惯方式难免会让我们摸到一张破纸。

还好影片的女主采用温柔的坚持，成功挽救了自己的边缘婚姻。

梅子的心中还是对那个男人有感情的，男人的心中还是对梅子不舍的，可在日益矛盾的家庭生活中，双方除了争吵，就是冷战，再就是彼此动不动的离家出走，男人找朋友喝酒发牢骚，女人找闺密哭诉满腹的委屈。

家中的热乎气没了，感情也变淡了。

男人试图去挽留，可梅子不接招；梅子试图去解决问题，男人总是不能平心静气地聊事情。一方指责批评对方，对方就立马针锋相对地反驳，针尖对麦芒，谁也不让谁。

梅子曾经的温柔没了，男人曾经的宽容不见了。

最后，在激烈争吵中，赌气的两人真的在离婚协议书上签下了自己的名字。

心理学研究告诉我们，某种程度来说，所有的爱都不是连续的，是断开的，即便是相爱的情侣，也有厌恶对方的时刻。

在不连续的时间里，我们要的不是贸然放弃，而是再给对方一次机会，温柔地坚持一下，找到问题的结点，然后去把生活中的这个结点打开，而不是妄下判断和结论。

《佛系：如何成为一个快乐的人》中提及，判断本身包含了大量的负面情绪，越是对自己亲近的人，越要注意减少不必要的判断。

这些负面情绪肯定会影响夫妻感情，甚至会加剧边缘婚姻破裂的概率。这个时候不可妄下判断，不妨试着给自己和双方一个缓冲期、磨合期。在这段时间里，两人没有设防地袒露心声，告诉对方我想要什么，我不想要什么，我能给你什么，我不能给你什么。

很多夫妻往往是在分手后，才开诚布公地说出了自己的心里话。在婚姻之内，他们总是有所隐瞒，总会采用争吵的方式，把认为自己没错的想法，坚定地抛向对方，并不断地确认自己没错，错的是你，你不服气的话，我们接着再吵。却从不想心平气和地坐下来，说一说心里话。

在挽救边缘婚姻时，如果你还念着过往情分，还念着曾经的海誓山盟，还念着她（他）对你的好，就请温柔地坚持一下，不要把话说得太绝，给他人余地，就是给自己机会。

抓住机会的人才会最终抓住幸福，但愿你是一个经常出手抓住自己幸福的人。

第六章

风骨罩前程，请先清楚自己的价值

理智但不必薄情，任何经历都是财富

梁实秋曾如此评价过徐志摩："他饮酒，酒量不洪适可而止；他豁拳，出手敏捷而不咄咄逼人；他偶尔打麻将，出牌不假思索，挥洒自如，谈笑自若；他喜欢戏谑，从不出口伤人；他饮宴应酬，从不冷落任谁一个。"

在朋友眼里，徐志摩是一个做事有礼有节的挚友，然而他对身边人张幼仪却是格外的心狠。

婚内徐志摩追求自己的女神、灵魂伴侣——林徽因，得知张幼仪身怀六甲，他冷眼相对："把孩子打掉。"那时打胎是非常危险的，张幼仪委屈至极："我听说有人因为打胎而死掉。"徐志摩冷冰冰地说："还有人因为坐火车死掉的呢，难道你看到人家不坐火车了吗？"

异国他乡的波士顿甚是凄冷，张幼仪孤零零一个人，临产之际那个男人也没有出现，她心死了。

后来她在签下离婚协议书的时候，拒绝男人所有的补偿，只身带走孩子。

女人可以是大地，也可以是海洋，柔韧而有承载力。作为母亲，她不仅拥有柔美、体贴的一面，还拥有勇敢、坚毅的一面。

阿樱的命运与此相似。

男人心心念念的还是那个初恋情人，婚后更甚。阿樱看透男人的不负责任，提出分手。离婚的时候，男人没有多看孩子一眼，甚至把给孩子买的毛绒小熊也扔到了窗外。

租房住的阿樱和儿子，住在一个马桶坏掉、空调坏掉、洗衣机坏掉，连窗户上的玻璃都坏掉的老房子里。住在隔壁的男人半夜喝醉酒，经常拿着棍子敲阿樱家的铁门。

直到男人被房东撵走，阿樱和儿子午夜惊魂的日子才终于结束。

不管多难，阿樱从未想过放弃做母亲的责任，更没有忘记要给儿子美好生活的誓言。

她除了工作，还抽出时间学习美甲。她说："我想要学一门手艺，现在年轻人都很喜欢这个，发展前景不错，我大学之前一直在学美术。"

一年后，她的美甲店开业。

她还四处拜师学艺，勤学苦练，查找资料，设计图案，又主动与婚纱店联系，提供新娘上门美甲服务。等经济宽裕一些，她又去学习新娘化妆、盘发，甚至摄影。

她的爱好越来越多，她的衍生手艺也越来越丰富，经济状况也越来越好。

阿樱总说，我们是快乐的三口人，阿桃、儿子、点点。“点点”是阿樱养的一只黑白灰的狸花猫。

她称呼点点为“小儿子”，叫得很甜。

生活好了，阿樱又陆续认识了很多新朋友，可单身母亲的身份她一直没表明。随着二胎政策的放开，身边人一见面不再问，“现在过得怎样啦？”而变成了“你家怎么不生二胎，再有一个孩子多好，老大也不至于太孤单。”

每次听人提到“孤单”这个词，阿樱的心里都不好受。

阿樱曾跟我提及，有时候她会抱着小猫自言自语，她说：“乖儿子，妈妈肯定给你找一个漂亮的女朋友，让她陪着你，然后你和你那位亲爱的，要多生宝宝，我和哥哥会照顾好你们，让你们幸福地生活下去。乖儿子，让妈妈抱抱，来让妈妈亲一口……”

说到这里，阿樱的眼睛是湿润的，嘴角是抖动的。

她说：“我儿子还没有妹妹或弟弟，他以后会不会很孤单啊？”

阿樱说自己想成为一名优秀的新娘美妆师，让婚礼上的新娘成为最美丽的人。

儿子说自己想成为一名优秀的医生，让疾病和伤痛远离亲人。

阿樱和儿子的未来正闪耀着七彩光环，站在高高的云端，朝他们招手。

可生活不会只是一张面孔，它也有喜怒哀乐。

阿樱在她与男人离婚的第129天的时候，接到一个电话，是孩子姑姑打来的，提到孩子爷爷遭遇严重车祸，意识不清，需要开颅手术，风险特别大。

阿樱立刻带着孩子赶到医院，当看到瘫在椅子上的孩子奶奶的时候，她依然叫了一声“妈”。当看到脸上留着一道道血痕、昏迷着的孩子爷爷的时候，她泪流满面，紧紧握着老人的手，凑近老人耳朵说：“爸，放心，你会没事的，我们都在外面等着你。”

男人并没有跟家里人透露离婚之事，阿樱自然不会主动开口，老人一向待自己不薄，何况家中又有如此变故。阿樱把父母接济自己的4000元全部拿出来，交了医药费，还没日没夜陪在医院，直到老人从重症监护室里出来。

失忆、意识混乱的老人躺在床上，拉尿都在上面，阿樱帮着清理。她累了，坐在楼梯间的台阶上会睡着，在电梯里站着会睡着，在公交车上会睡着，经常会坐过站，黑夜里一步一步地走回家。

那段日子，双手被绑着束带捆在床沿上的老人，眼睛里是干净的，如一无所知的孩童般干净。只要稍不注意，老人的手就会逃出来，然后把身上盖的被子掀掉，赤身裸体地躺在床上。

阿樱赶紧给盖上，老人再掀开，阿桃再盖上，老人再掀开……如一个淘气的孩子在跟人玩闹，撒娇，有时是愤怒或委屈。

这个时候，阿樱的脸特别红，眼睛都不知道看什么地方。

老人依然傻笑着。

晚上，回到家中的阿樱哭了，起先是小声地，捂着嘴，然后是大哭，号啕大哭。她抬起头，她不想让眼泪掉下来。

男人不止一次地说，“谢谢，谢谢，你没有跟我妈说离婚的事。”“谢谢，谢谢，你能来帮忙照顾我爸。”

阿樱的这件事，我讲给身边的朋友，有人说：“都离婚了，早没这个义务了，根本没必要去。”有人说：“阿樱真傻，离婚一分钱都没拿到，还倒贴很多钱，还给人家主动去出苦力，这不是傻是什么？缺心眼。”有人说：“阿樱，太善良，心善被人欺，活该她被人欺负。对了，她是不是想复婚啊？”……

阿樱说：“毕竟我曾经爱过他，我不会薄情，但我绝对理智，我很清楚我在做什么，我的底线是什么。”

正如张幼仪离婚后，孤身在国外打拼，照样打拼下一片天地。当徐志摩飞机失事，故去之后，留下妻子陆小曼久病缠身，张幼仪不计前嫌，经常资助她。

张幼仪曾说：“对于他，我不再怨恨，相反我还很感激他，如果没有他，就没有现在的我。”

就像张爱玲明知道胡兰成移情别恋，依然在等待、在原谅，直到最后一次见面之后，张爱玲给胡兰成写了一张纸条：“我已经不喜欢你了，你是早已不喜欢我了的。这次的决心，我是经过一年半的长时间考虑的，彼惟时以小吉故，不欲增加你的困难，你不要来寻我，即或写信来，我亦是不看的了。”信中还附上了张爱玲《太太万岁》《不了情》的30万元稿酬。

分手后并不一定都要狰狞以对，把过去的隐私和不甘抖擞干净，直到最后还踩上一脚，吐口唾沫说：“认识你，算我瞎了眼。”或者来句“嫁给你，想起来就恶心”。

很多时候，世界是圆的，谁与谁早晚都会遇见，再遇见该如何?

电视剧《我的前半生》有一个片段让我很感动，酱子铺的老默和员工洛洛晚上要打烊时，走进了一个女人，是老默的前女友。老默深情地看着她，问：“吃了没？”女人轻摇头，老默让对方稍等后，随即进到后厨，做了一碗热气腾腾的面条。女人在这期间打开唱片机，歌声缓缓飘出，一切尽在歌词中，每一句都很贴合他们两人的心境。吃面时，女人的眼睛是潮湿的，红红的，她低着头，掩饰。

吃完面，老默伸手邀请前女友跳舞，镜头停留了二三秒，可以清楚地看到老默的手指在微微颤抖。

两人在跳舞中，是缠绵的、是温存的、是旁若无人的、是动情的。

直到员工洛洛把唱片机关掉，说了一句“面凉了”。

从此以后，那个人在一碗面中跟你我告别，温暖地告别。

再热的面也会凉，再深的情也会淡，错了的人早晚会从轨道上离开，呼啸而过的火车照样要开往远方。

下一站在哪里并不重要，重要的是开始时，过程中，结尾处，我们都不曾薄情过。因为只有付出才能让我们学会成长，认识自我，看清内心。

任何经历都是一笔谁也带不走的财富，可以让我们抖擞精神，放下恩怨，从头再来，进入满含成倍生长力量的春天。

自省——避免走弯路的有效途径

“我曾七次鄙视自己的灵魂：

第一次，当它本可进取时，却故作谦虚。

第二次，当它空虚时，用爱欲来填充。

第三次，在困难和容易之间，它选择了容易。

第四次，它犯了错，却借由别人也会犯错来宽慰自己。

第五次，它自由软弱，却把它认为是生命的坚韧。

第六次，当它鄙夷一张丑恶的嘴脸时，却不知那正是自己面具中的一副。

第七次，它侧身于生活的污浊中，虽不甘心，却又畏首畏尾。”

读完纪伯伦的这些诗句，我询问了两位朋友，人生如果可以再活一次，你想做哪一个自己？

第一位是离异3年的小曼，看似柔弱的女子却有钢铁般的意志，她看清男人的不堪，主动提出分手，在这段折腾分手的日子里，她尽量把对孩子的伤害降到最低，从不说孩子父亲一句难听的话。

上辈子的不平事，跟下一辈无关。

哪怕自己再难，也要争取到孩子的抚养权，小曼一直在努力争取中。男人死活不同意，她设想了无数的可能性，最坏的结果是站在法庭上，为了儿子的抚养权义愤填膺地揭露彼此的隐私、伤疤。这种难堪小曼不想，她的儿子更不想。她只想平静地办完手续，不想让儿子受到惊扰。

她多次与男人沟通，将心比心，男人最终同意放弃抚养权。

可结婚证在他们几年前搬家中丢失了，要想和平离婚，最平静的办法就是先去补办结婚证，然后两个人再去办离婚证。

在补照结婚证时，摄影师很细心地指出，让小曼和男人都身子侧一点，靠得近一点，笑一笑，毕竟这是大喜事。

小曼急了，冷冰冰地说："没事的，就这样吧！我们赶时间。请快一点！"

摄影师听出了小曼的不悦，迅速回复："这可是一辈子的事情，如果你们说可以了，那我都OK，出来效果不好可别怪我。"

2寸彩色合影中的两人，能看出来两人都很紧张，隔得很远，好像中间隔着奔流不息的长江水，一去不复返。

在民政大厅的外面，也有一条围绕城市的河，名叫民心河，但河水早已干涸了。小曼和男人坐在河沿，民政大厅的门口进进出出的人很多，有走出来深情拥吻的，也有走出来各走各路的。小曼其实又给了男人最后一次机会，她也在想如果男人意识到自己的问题，未尝不可以再给对方一次机会，但对方还是老样子，固执、自私，对过错习惯性地狡辩、推诿。

小曼整理了一下衣服，起身，长舒一口气说："我先进去了。"

结婚手续一办完，两人立马去办了离婚手续。一栋楼、两个不同的房门，隔得不远，可她却花费了6年的时间才敲开。

一句"再见"，两个人再无关系。

小曼带着孩子，在城市里打拼，生活渐渐好了起来，也有心仪的男人对她展开追求。

小曼说："如果能再活一次，我依然会选择在自身陷入生活的污浊中时，勇于快刀斩乱麻，而不是畏首畏尾，委曲求全。"

第二个是我28岁的好朋友依依，面对全体家庭成员的逼婚，她从未放低过对另一半的要求。

依依心想，为什么我要坐以待毙，为什么不可以主动出击。她把自己包裹得严严实实，戴上墨镜，围上漂亮的丝巾，一个人去公园的"男女碰碰对活动"中去看看。那天她去得比较晚，相亲活动现场早已人山人海。她看不清地形，脱掉鞋子站在公园的椅子上，踮起脚四处观望。

男女阵营，东西两边，长长的绳子上挂满参加人员的资料。长相、身高、学历、工作、年薪、有无房产、家庭情况，依依挨个看得很仔细。

一个模子印出来的个人资料太像了，制式表格的设计，让人看得眼晕。她心里总在犯嘀咕，都这么好的条件了，怎么会找不到女朋友？

依依主动约了几位男士见面，这才发现，急于结婚的，要么是急于让老人抱上孙子的，要么是急于找一个妻子当保姆的，要么是急于给孩子找后妈的，却没有一个是为了爱而结婚。

男人们看依依长得一般，家庭条件也一般，还问那么多问题，脸色有点冷，大都敷衍几句，找个理由离开。

依依听见有个男人在转身的瞬间说，“也不瞧瞧自己的磕碜样，还挑来挑去，真以为自己是公主呢？谁会娶一个有公主病的老女人在家供着，我有病啊！”

她气不过，骂对方是癞蛤蟆。

依依一直喜欢户外运动，为了散心，她报名学习攀岩，认识了教练，一个笑的时候眼睛很好看的男人。

一次户外练习中，依依急于求成，脚没有踩到安全的地方，突然发生危险，男人不顾自身安危救了她。

男人说：“看着你瘦瘦的样子，怎么感觉你好重啊！但你的手很有力量，幸亏你抓得牢，否则后果很难想象。”

在山顶，男人看到一只受伤的小鸟，没有置之不理，而是从背包里拿出创可贴，认真裁剪成宽窄合适的尺寸，帮小鸟处理伤口。依依感觉自己有点喜欢上他了。

其实那天在悬崖边，依依学着小鸟飞翔的样子翩翩起舞的时候，对方心里就有了她的位置。只是两人一直没有说破，喜欢的暗流都化为实际的支持和鼓励。

依依在对方严苛的训练下，经过半年的磨炼，已经能自如掌控自己的身体，她参加户外攀岩大赛，并且取得了不错的名次。

她把奖牌递给教练说："你喜欢我吗？喜欢我你就接着，这里面也有你的一半。"

男人说："这块奖牌我先替你收着，记住这只是刚刚开始，后来还会有很多。"

依依说："如果人生能再活一次，我在空虚时，绝不用爱欲来填补自己，而是先让自己变得强大起来，去吸引别人而不是依赖别人。"

人生如果能再活一次，你想做哪一个自己？

我只想做能让未来变得更好的自己，不慌张、不盲从、淡定、优雅，理智，冷静，可以不算聪明，但绝不做愚蠢的事情。哪怕没有退路，也绝不放弃责任和担当。

好男人的标准杠杆，平衡好十分重要

有个小故事是这样的，一个平民男子爱上一位贵族小姐，姑娘告诉他，如果他愿意连续100个晚上守在她的阳台下，她就接受他。于是男子照做，他等了一天，两天，三天……直到第九十九天。男子离开了。

为什么男子不再坚持最后一天？

答案很感人，爱情不是一个人的付出。男子用99天证明爱，用第100天证明尊严。

女孩应找个什么样的男孩相伴一生呢？儒雅、斯文、有学识，这些都很好，但我觉得更可贵的应该是有尊严、有血性、坚强而勇敢，而且有点可爱的男人。

《亮剑》中，李云龙去田雨家求婚，母亲劝小雨放弃时，两人提到喜欢有哪些特质的男人，小雨说，“我喜欢有血性、有尊严、坚强而勇敢的男人。”

李云龙被拒绝，跟小雨父亲表态：“世间姑娘千千万，我还非你女儿不可了。”说完，到外面站着去等，一站几个小时。小雨的母亲说了一句话，“我看着他刚刚生气的样子，倒有几分童趣”。

过年去亲戚家，看到了年前刚结婚的表妹。平时离得远，所以没去参加她的婚礼，今天看到她时，她的爱人也在。说实话，我眼拙，看不出男人的年龄。

中午陪表妹四处走走，她突然跟我说，“姐，我真不是小三。”此话一出，倒把我吓一大跳。原来，男人比她大十岁，有过一次婚史，但很爱她，她特别在意别人的眼光，担心别人误会。

我用电视剧《大丈夫》中顾晓珺的话回她：“这个年代要是真爱，性别都不是问题，年龄算个屁。”

她大笑说：“姐，你真幽默，谢谢理解。”

我不仅仅是理解，而是彻底想通了。

我们选择另一半的最主要因素应该是看他身上的特质，一种隶属于男人的特质，然后才是表面的附属，例如经济基础、家庭情况、年龄、高矮、长相等。

前天去超市购物，排队结账时，前面有两个年轻姑娘在聊天，聊得很嗨很大声。

长发姑娘说：“第一年结婚，你和老公真没去他们老家？”

短发姑娘说：“没有，那个穷地方，有什么好回的，鸟不拉屎的穷山沟子，出门就是秃山，走路都硌脚丫子，我新买的高跟鞋都没法穿。对了，你听说过土炕吗？”

长发姑娘摇摇头，有些不确定地说：“好像电视里见过。”

短发姑娘接着说：“对，就是那种，多古老的玩意，他老家就有，我又不是玩穿越，我才不要去呢！”

长发姑娘有点尴尬地问：“你老公能乐意？”

短发姑娘说：“他敢？不听我的，我休了他，反正老娘和媳妇他选一个，选我还是选她。”

我望着两个妙龄女子的背影，真为她们口中的那个男人感到害臊，说“娶了媳妇忘了娘”都是轻的。

如果真有困难，过年回不去情有可原，可要是真像那个女孩说的，那就是嫌弃，是看不起。

有人说，跟自己过一辈子的是老婆，很多事一定要先考虑她的内心感受，在无关原则和违背伦理之外，均可。人家说的在理。但如果一个男人总是无谓地妥协、纵容，甚至在爱的名义下起誓，这都不是一个男人真正有尊严、有血性的表现。

男子爱上贵族小姐，站99天为了爱，第100天的放弃是因为尊严，爱情里坚守的就是一根缆绳，可以助我们上山也可以让我们入地，就看怎么衡量。

其实《亮剑》中田雨的母亲还提到男人的另一个特征，可爱。有血性、有尊严，坚强而勇敢，再加上点小可爱，这样的男人就是拿十座金山也不换。

可爱，是孩童身上才能准确反映的感觉。例如，我曾质疑孩子对我的爱，我问他：“你从来不说，妈妈我爱你。”

儿子不紧不慢地说：“妈妈，我本来想说不爱的反义词，你这样我就不说了。”

“不爱”等于“爱”，这个关系我想了半天，抱歉，还是妈妈太笨，被你这个聪明的孩子给耍了。

相较于女性，男性不太喜欢露骨地表达感情，在他们荷尔蒙爆发的健壮身体里，更多的是保护欲，是正义感。有的男人会把爱挂在嘴上，但爱并不是一句刻板的台词，而是走心的踏实行动。

某天睡前看了一部伤感的爱情电影，于是我问老公：“如果是我得了癌症，你会给我治吗？”老公都快睡着了，迷迷糊糊说：“别瞎说……倾家荡产也得治。”

我说：“如果你得了呢？”

老公：“那就不治了。”

我问：“为什么？”

老公：“剩下你一个人，挣钱不容易。”

你永远都不知道他有多爱你。因为爱才会舍不得，才会担心挂念，才会为你考虑，而不考虑自己。

别把愿望的曙光，等成遗憾的暮色

我的好友小九是藏族人，她喜欢唱歌，唱《青藏高原》，唱《珠穆朗玛》，唱蓝蓝的天空和白云朵朵，唱草原也唱天堂。

她在我们当地的一所民族大学学习，毕业后留校当了老师。

她真的很年轻，26岁那年，她身体查出问题，很严重的问题。

结婚一年的丈夫，只在医院出现了一次就消失了。

小九瞒着学生，瞒着同事，瞒着家人，更瞒着我们这些朋友。

宝宝（王宝强）在《泰囧》中曾列下愿望清单：打一次泰拳，种一棵健康树，做一次小鱼Spa，骑一次大象，拜完所有的庙宇……

小九也列下了自己的愿望清单：去天安门看升国旗，去北京爬长城，去看看大海，去给全班34名学生都制作一张生日卡，去教家乡的孩子学习汉语……

她默默完成着自己的愿望，直到身体越来越不舒服，不得不住院治疗。当我们走进病房的时候，她正在跟医生护士说说笑笑，脸色苍白，身体消瘦，但精神很好。

很多人提及她，都说：“多可惜啊！这么年轻，她还没有好好享受生活呢！”

可小九私下跟我说，她值了，她追求并实现了自己的梦想！她只是西藏普通牧民家的女儿，她想去大山外面看看，她做到了；她想成为一名光荣的人民教师，她做到了；她想力所能及地帮助家乡的孩子学习汉语，她做到了。

“如果老天爷要把我的命收回去，我知道拦不住，就不拦着，生老病死是自然规律，既然我们无力回天，那么就顺应天命。如果我的病能让医生得到更多的数据，找到更多治疗措施去帮助更多的人，岂不是好事？我没有什么可遗憾的，我很知足了。”

我不忍再听下去，红着眼离开病房。

我听到急救室门口有护士大声在喊，“谁是‘O型血’，我们急需新鲜血液治病救人，拜托了。”

医院的广播也在重复播放着。

我急忙赶到献血站，那里已经排起了长龙，大家都不说话，安静等着。没有一个人离开，只有源源不断的人加入。

我看着鲜血从我的臂膀里流出来，顺着细细的管子，缓缓流入压缩泵，流入血浆袋子里。我觉得自己也正在做一件有意义的事。

回家的路上，我看到一个迷路的小孩在路边哭泣，我背着他，把他送到最近的派出所。

我真的急于在四处搜寻着什么，搜寻着哪些事情我能帮助别人一点点，似乎只有这样，我的心才能不那么痛。每次做完，我都在心里跟自己说，小九，瞧见没有，我们合作得怎么样?

小九病情最严重时，她选择了放弃治疗，央求两位哥哥带她回家。

当我们得知并赶到医院时，他们已经离开。

小九离开时很安详。

多年以后，我又踏上了去西藏的旅途，我走过的每一步，去过的每一个地方，都感觉太多人像极了小九，笑声像极了她，舞蹈像极了她，背影像极了她，奔跑时的样子像极了她。

我的背包最外面是小九在白云朵朵的蔚蓝天空下骑着马的一张照片，我走在前面，一刻都不停。我知道她的眼睛看着我的身后，一眨不眨，看得很仔细，就像正在替我记住来时的路。

此时，我想起著名的印度舞蹈家苏莎的故事，她在事业最巅峰时遭遇车祸，右腿被迫截肢，但她从未轻易放弃，医生为她改进了假肢技术，量身制作。装上假肢的苏莎重返舞台的愿望日益强烈和迫切，为了重返舞台，她开始了艰辛的尝试，学习平衡、弯曲、伸展、行走、转身、旋转，直到开始翩翩起舞。

在其后的每一次公开演出中，她都忐忑不安地问父亲演出效果如何，父亲总是说："你还有很长的一段路要走。"对于苏莎而言，再难再长的舞蹈之路也必须要走，这是她全身心热爱的舞蹈事业，她必须要从低谷中站起来。

终于，在孟买的一次演出中，苏莎以不可思议的舞姿震惊了所有的观众，让每一位在场的观众都感动得热泪盈眶。她又重回舞蹈皇后的位置。她的父亲抚摸着女儿的假肢，什么也没说，眼里全是爱。

经常不断有人问苏莎，“在近乎绝望的逆境中，你是如何战胜自己并最终取得成功的？”她总是很平淡地说：“我经常告诫自己，跳舞用的是心而非脚。”

我想小九人间走一遭，用的也不是脚，而是爱。

她留在我记忆深处的永远是那张灿烂的笑脸。

若干年前，我外公离世，亲戚满屋，起初大家都在哭，在大声哭，哭累了就歇歇，后来闲聊，最后开始说笑。我在里屋陪着伤心的外婆，特别生气，把我妈叫进来，冲我妈大喊，我外公没了，她们竟然还在笑，让他们都给我滚蛋。

我妈擦擦眼泪，不说话，外婆拉着我的手说：“傻丫头，人不能总哭啊！人早晚都要走，离开的人可不希望我们总哭哭啼啼的，他还是希望我们能笑着生活。笑没错。”

我记住离开小九那天，我们赶到她的家中，那里的人没有哭，而是在笑。

最近很喜欢听毛不易的那首《消愁》，“一杯敬自由，一杯敬死亡，宽恕我的平凡，驱散了迷惘……”

你的愿望清单实现了吗?

只有当愿望完成了，遗憾才会变得黯然无光，别给遗憾活命的机会，否则它会步步紧逼，让你退无可退。

第七章

守护自己的幸福，与委屈妥协绝缘

独立不是标签，是你解决困境的武器

女人20岁之前的生活是父母给予的，20岁之后的生活却是自己创造的。你要有自己规划人生的能力，才能让人生变得独立和精彩！

“独立”这个词对女人来说一直是个很有吸引力的诱惑。“独立”不是口号，更不是标签，而是遇到困境时的武器，让自己的当下不受损，让自己的未来不落空。

我认为独立包括经济独立、情感独立和人格独立三方面。

经济独立是指不依靠别人生活，一切都由自己埋单。在经济基础上能与男人平等对话，这是一件令人愉快又有尊严的事情。而要做到经济独立，并不是说女人一定要挣很多钱，但至少要有养活自己的资本和底气，而不是把男人当成提款机、钱袋子。

在热播的电视剧《我的前半生》中，独立、潇洒、干练的唐晶曾经这样劝依靠男人养着的罗子君：

“当你吃的、喝的、用的，都是男人给的时候，就没有了自己的话语权。这种依附关系一旦成立，也就没有了什么感情平等。”

“女性独立、工作，不管赚的钱是多还是少，赚回来的是一份尊严，至少可以挺直腰板地说，离开了你，我一样可以养活自己，过得很好。”

要想经济独立，你必须要有自己的工作或事业，不一定要是金融商业街最高写字楼的高级金领，但至少每天要过得充实，有可以傍身的工作技能。

经济独立是立身之本，也是女人在成长道路上能自由选择生活、为自己生活埋单的有力武器。不要妄想一个人会养你一辈子，不要妄想赖上一个人就一生无忧了，唯有口袋充实了，自己经济独立了，才会不怕前路坎坷，拥有敢拼、敢追梦的底气。

有了经济基础，就要慢慢学会理财。应尽早开始投资和储蓄，起步越早，成功的机会越大，收益也将更多。在能力范围内，学会精打细算，为未来做准备。有一颗不甘贫穷的心，才能拥有真正的自由。

至于情感上独立，是女性朋友往往容易忽视的一个问题。尤其是进入婚姻的殿堂后，女性心心念念的是能够和他长久地走下去，配偶成了女人情感上的最大依靠。然而，这个依靠未必总能陪你走到最后，当依靠不在了，情感上受伤最重的大多是女性。

胡因梦与李敖的婚姻仅仅维持了3个多月，便宣告结束。

李敖对于离婚的理由，延续了他一贯犀利的风格："我是一个完美主义者，有一天我无意推开没有反锁的卫生间的门，见蹲在马桶上的她因为便秘满脸憋得通红，实在太不堪了。"

胡因梦听到后，微微一笑，没有反驳。

35岁之后，她退出演艺圈，洗尽铅华，埋头书斋，专心从事翻译和写作。几十年来，她出版了大量探索心灵的书籍，并往返两岸，通过演讲、授课等形式，传播她的思考心得。

她说，演艺圈的工作无法满足她的价值感，"我不愿意再过那么懒惰的生活，所以说30几岁开始，我就过一种很苦行的生活，我翻译了30本书，每一个字，每一本书我起码要修润10遍左右，才能出版，这是一个非常孤独、非常寂寞、非常苦的工作。"

"当你真正做到，你发现当你一直在朝着你灵魂要走的这个方向的话，你会发现你的生命力还是会被激发出来的。"

她送给女儿的十条锦囊之一："情感上一定要自给自足，很多女人其实缺乏这种能力。"

如今60余岁的她，自己剪发，衣着朴素，但眉眼间的那份恬淡中，流淌着智慧和平静的幸福感。

著名散文作家罗兰在《罗兰小语》中曾说："如果你希望一个人爱你，最好的心理准备就是不要让自己变成非爱他不可，你要坚强独立，自求多福，让自己成为自己生活的重心，有寄托，有目标，有光辉，有前途……总之，让自己有足够多可以使自己快乐的源泉，然后再准备接受或不接受对方的爱。"

人格独立，具有独立人格的人有自己独立的认知能力，有独立的人生价值观念。

如果你允许别人来决定你的梦想和职业，让别人决定你的服饰和打扮，甚至让别人决定你的角色，你就会陷入一种故步自封的境地，人生难以有更好的发展。

你要自己定义自己，不管是你的着装、你情感上的问题，还是你的人生观，抑或是各种选择，不要让任何人对你指手画脚。

拥有独立的人格，用胡适的话来解释，就是不盲从，不趋炎附势，有独立思考的能力。不因为追求认同感和归属感而失去自我，随波逐流。

做个新时代的独立女性，只要找准方向，谁都可以。

机会不是馅饼，需要提前储备好战斗力

机会总会垂青有准备的人。

青子因为工作和家庭两方面的压力，上火，牙龈肿大，左脸腮帮子肿成一个大包。那段时间工作太忙，她只是简单地吃点消炎的药，疼得吃饭喝水都困难，睡觉时只能侧着身子。

她没把这事放在心上，直到被同事逼着去了医院。

医生大怒，骂她要是再不来就毁容了，脸都变形了还这么拼，不要命了。

工作付出越多的人，并不代表就一定收获越大。很多时候，好的机缘和坏的机缘可能并存。

青子工作表现优秀，引起不少人的嫉妒，更因为她坚持己见，时而提出有悖领导想法的意见，因此不得领导重视。

在决定离开的那段时间里，青子抽出很长的时间冷静思考，梳理从业以来的工作经历，思考自身存在的问题以及需要改进和提升

的地方。

她觉得越差的地方就越要去弥补，而不是逃避。她不是一个喜欢逃避困难的人。

最后，青子决定去当一名培训讲师，看着老师在讲台上激情洋溢、挥斥方遒的那种自信和从容，她觉得很羡慕。

她咬着筷子站在镜子前练普通话，不善于穿高跟鞋的她，头顶书练走路。她抄下很多名人的段落和句子并背下来，在马路上骑车看到有意思的文案也会记录下来，遇到有意思的人也会停下来观察。她会对家中的小狗演讲，对含羞草演讲，对炒好的饭菜演讲，还会对窗外的高楼大厦演讲。

她演讲的声音越来越铿锵有力，她的手势和动作越来越舒展优美，她的舞台调动能力越来越流畅自如。

5年后，30岁的青子，不仅成了著名的培训师、市电台的重要主持人，还成为畅销书作家。她的文笔、阅历，她对人生的独到感悟，让她签下了人生中的第一本书，她的新书分享活动在很多大学礼堂召开。她还创办了自己的喜马拉雅电台，结交了很多未曾谋面的朋友，还与众多平台合作，成为签约主播。

她的声音就是她的无限财富。

她说自己很喜欢陈道明老师作为特仑苏品牌代言人，拍摄的那则广告：

“有人说：这个角色，没有人比你演得更好了。”

“我问他：如果是我再演一遍呢？总有人在欢呼已经够好

了！”

“但前方有个声音却在说：还可以更好！这声音，来自不断前行、追求更好的你。”

“是的，更好和好不一样，更好没有止境。”

“这是特仑苏的故事，你的故事。”

更好没有止境，人生没有末路，三十功名尘与土，八千里路云和月。莫等闲，白了少年头，空悲切！

我曾看过网上报道一位摄影师专门拍雪花的照片，每次拍摄都很费时费力，十余年只拍了几千张照片，而能用的更是只有一百来张。但是他喜欢雪花，喜欢这些转瞬即逝、常被人忽略的精灵，他只想留下它们的倩影，哪怕只有一张他也乐意。最终，他开拓了新的摄影领域，拍出了如梦如幻、前所未见的雪花形状，成了雪花拍摄领域的专家。

很多时候，当我们对捉摸不定的机遇束手无策的时候，不如放下杂念，自我成长，当你积攒力量或者寻找新的出路时，风景自然不会辜负你这个敢于努力付出又认真对待自己的人。

一位著名的斯巴达斗士，在被问到他一生中最让他受益匪浅和难忘的人和事是什么时，他回答的是母亲的一句话。当时这位斗士还很年轻，年仅18岁的他正在练习击剑，但是每次都没法刺中对方，对方已经一剑封喉，击中他的要害，可他的剑还在路上。对此，他感到懊恼：“唉，谁叫我的剑太短了！”母亲坚定地告诉他：“不，儿子，你前进一步，你的剑不就长了吗？”

向前一步走，才能抓住机会。

有人说机会是天上掉馅饼，可这绝不意味着能轻易获得，试想，除非你天天抬头看天，否则即使有馅饼掉下来，也会被别人抢去。

机会根本不是天上无缘无故掉下来的馅饼，而是你提前储备好的战斗力，是凭借努力获得的奖励。这种战斗力是一种隐藏在骨子里的凛冽和决绝，是一种厚积薄发的内功，就像武功绝学中总会提到的一句话，无招胜有招，说破就没了意义。

在网上曾看到，一位72岁、种了一辈子地的顾姓老人考上了中国美院，成了年龄最大的“插班生”。三年前，顾老许了一个愿，希望给村里每个人都画幅肖像，但画着画着，他觉得自己的技法遇到瓶颈，于是想报考美院。凭借他精湛的技艺和对美术的一腔热情，经过多次沟通，老人在中国美院继续教育学院开始了比年轻人还认真的求学生活。年逾古稀的顾老为了一个心愿，勇敢追梦，年龄在追梦的路上根本不值得一提。

老人追梦，是因为他不服输、不服老、不惧坎坷，珍惜时间。只有竭尽全力去尝试，完成心中所想，才能对自己有个交代。

我们都想对自己有个交代，却又觉得时间还多，不必着急。然而时间有时候就像赌场，置身其中的我们禁不住诱惑，于是拿着时间当本钱，偷懒输一点，玩耍输一点，自暴自弃输一点，玩世不恭输一点，抱怨逃避输一点……输着输着，就变得习以为常，渐渐形成错误的认知：我还年轻，怕什么?

只有珍惜时间的人，才会不怕老，“老”只是时间在我们身上的岁月沉淀，是流转、是韵味，而不是虚度。

战斗力不是在悬崖边就是在岔道口，但愿你是死里逃生，而不是误入歧途。

机会不是天上掉馅饼，需要你提前储备好战斗力，当你一切准备就绪，自然可以“长风破浪会有时，直挂云帆济沧海”。

你认为我疯狂，我认为你太过平常

唐伯虎在《桃花庵歌》中写道："别人笑我太疯癫，我笑别人看不穿。不见五陵豪杰墓，五花无酒锄作田。"体现了他乐观豁达、看透世事的心态。

这句诗简单解释就是：别人笑话我疯癫，我却笑别人看不穿世事，那些豪杰之士虽然也曾一时辉煌，如今却墓冢不存，只能被当成耕作的田地。

你荣华你富贵，你绫罗绸缎，你珠光宝气，与我何干？我活我的，又哪里碍了你们的眼？

生活是自己的，你认为我疯狂，我还认为你太过平常。就连张爱玲都说过："普通人的一生，再好也是桃花扇，撞破了头，血溅到扇子上，就这上面略加点染成为一枝桃花。"

人生最精彩的追逐就是在年轻的时候，开荒，锄地，撒种子，等枝丫变绿，等花变红，等过往的人指着眼前这片桃林说，"快来看啊，桃花源！真是美极了。”

我身边就有一位名叫桃花的姑娘，她用五年的时间，从一位家庭主妇逆袭成功考取了重点大学的研究生，毕业后还顺利被国外名校录取，攻读博士学位，甚至还带着一度懒散至极的老公，相携相助也帮助其考上了国外的研究生，两人一起出国深造。

桃花姑娘的励志故事在微信朋友圈广为传颂，太多人说，这是我同学，这是我朋友，这是我学姐。认识的、不认识的，都想在她这棵桃花树下沾点“仙气”。

修炼成“仙”是需要千锤百炼的，她也不例外。

想当年，刚工作一年的桃花，遇到爱的男人便嫁了，然后生儿育女。

生下孩子，本来公公婆婆答应得很好，生了你就解脱了，我们给带。然而，孩子从小孱弱多病，公婆年岁大了，身体不好，照顾一天半天可以，时间一长，自然吃不消。

桃花孝顺，不忍心让老人遭罪，只得白天黑夜独自带着孩子。

她说，那段日子被困在家中，守着孩子慢慢长大，一岁零两个月的孩子，吃喝拉撒睡，哪样都得操心。婆婆腰疼得受不了，需要不时给按摩按摩；公公的血压又高了，需要按时提醒吃药。孩子那段时间最皮，什么都放进嘴里去尝尝，毛绒玩具要吃，鱼缸里的鹅卵石要吃，海棠花的叶子要吃，就连桃花看的书也要撕碎了拿来吃……

男人那段时间工作很不顺，回到家中，黑着脸，躺在沙发上休息，什么也不管。

桃花在厨房里准备晚饭，让老公看下卧室睡觉的孩子醒了没有。男人冷着脸回答："醒了他会哭，他又不是哑巴。"

可孩子醒了，没有哭，啃毛绒玩具啃得满嘴都是毛，在床上剧烈干呕，最后翻滚着摔到地板上。桃花跟老公嚷嚷，男人朝她大叫，孩子吓得哇哇大哭。厨房灶台上正煮着的面条溢出白色的泡沫，浇灭了液化气灶，直到两人都闻到屋子里的异味，才发现问题。

男人发狠说："这家没法待了。"摔门而出，留下厨房的一地狼藉和正给孩子额头敷冰袋的桃花。

桃花经过慎重考虑，雇了保姆照看老人、孩子，自己必须出去工作透透气，否则会疯掉的。在求职过程中，她发现就算自己毕业于重点院校，但有将近3年的职场空白期，心仪的单位还是跟她说了"拜拜"。

桃花在与前同事聊天中也意识到很多问题，自己这几年只顾着当全职主妇，已经严重落伍了，很多新名词、新技能、新理念，根本听都没听过。以往都是桃花把别人问得哑口无言，现在交谈不足3分钟，桃花就闭口不语了。

这种尴尬，让桃花感觉特别难受。

最初家人朋友都说，凭你的容貌、学历、工作经验，就算你在家带5年孩子，再出来找工作也是抢手货，放心吧！

可现在桃花的"放心"是最大的"不放心"，太暖的话听不得，如果不走出去试试，自己臆想的虚假未来估计就不是扇到脸上一记耳光那么简单了。

她决定要重新学习，再次进修，只有这样才能让自己重回职场时不至于被轻易打倒。

心高气傲有时并不是坏事，相反会是一种不甘心被比下去的勇气和斗志。

她提出想考研究生，将来能多挣钱贴补家用。男人笑话她："痴人说梦，怎么可能？"

男人偷偷把保姆给辞了，想让桃花安心在家待着，不要再出去疯。桃花不依，私下继续用功，她既要照顾孩子又要学习，还报了周末的考前培训班。

可家人统一战线，就是不帮她看孩子，以为使出这样的撒手锏，会逼着她乖乖就范。没想到桃花堂而皇之抱着孩子去上课了，可爱的孩子嘴里叼着奶嘴，瞪着一双乌黑明亮的大眼睛瞅来瞅去，安静不到一分钟，就开始闹腾，发脾气，扔东西，哇哇大叫。

这时，同学们都会扭着头看她，看得她满脸通红。桃花低着头，拳头敲打着额头，不停说着"对不起"，仓皇逃离。

桃花抱着孩子在教室外面，轻轻地走来走去，哄着宝宝，直到宝宝睡着了再进教室，继续听讲。她的录音笔一直在课桌上放着，亮着绿灯，忽闪忽闪的。

晚上家人都睡着了，桃花就在卫生间里戴上耳机听白天的课，有不懂的地方就抄下来，下次上课再去问老师；太累了，便趴在马桶盖上休息一会儿。家太小了，桃花做梦都想有一个书房，书柜上放满喜欢的书，闻着书香睡觉，那才叫美。

培训老师得知她的境况，特别理解，并给予莫大的支持，专门给她开小灶帮助她，还把她树立成全班的学习楷模，让同学们多帮助、多配合。

后来孩子一闹，就会有前面的哥哥送旺仔小馒头，后面的叔叔传过来牛奶，左边阿姨拿手指饼，右边姐姐递小玩具。

桃花带着孩子上课的视频被传到网上，她身边的亲人和朋友都笑她："瞎胡闹，都多大的人了还这么疯，干什么都异想天开，不知道分寸。"还有人起哄："瞧她那个认真劲，假如考不上，看她怎么交代？"

她笑笑说："我疯我痴我傻我神经质，那又怎样？这是我的事，无须向任何人交代。"

只有她的老妈心疼女儿，虽然她并不懂女儿到底想要什么，但她明白女儿做事情的执着和认真，清楚女儿"不撞南墙不回头"的倔脾气，主动提出帮忙照看孩子。

那段没有宝宝来参加培训的日子里，她的同学们总是让她多拍些宝宝的照片，上传到学习群里，说怪想宝宝的。

她认真预习、认真听课、认真做作业、认真复习、认真请教、认真到每次都是坐到第一排，认真到为了英语考试，要求自己每天必须听半个小时的国际新闻频道，看一小时的英文版影片，背50个英语单词，写不少于600词的英语短文。

她曾去电影院看《简•爱》原版英文电影时，跟着电影的台词小声念，隔壁座位的人都起身离开，小声嘀咕说："那个人肯定有病，神经病。"

她被别人称为"神经病"的日子里，男人也看到了她的决心，本来以为她只是说说而已，却意识到这次她是认真的，不是心血来潮。经过两人彻夜长谈，男人最终决定支持他的这个"疯老婆"。

她的付出是充满激情的，她的激情不是荷尔蒙，不是一时兴起，她的激情是内心对这个世界不肯放手的一种拼搏力，她想把这个世界攥到自己手心里，她想让未来的自己踏实，想让现在的自己不后悔，于是她只有拼命。

考试过后查成绩时，她把考号输入后便闭上了眼睛，左手放在胸口按住忐忑跳动的心脏，过了很久，才按下了确认键。她还是不敢睁眼睛，她喊老妈，喊老公，喊喃喃学语的儿子，还喊一直陪伴她的英文字典都来替她看看。

当她听到母亲的哭泣声，感觉到额头儿子湿湿的小嘴巴亲过来，一双有力的臂膀把她抱起来时，她睁开眼，顿时泪眼婆娑。

她所向往的大门，被她用这双看似柔弱但始终不停发力的臂膀硬生生给推开了。

她成功了。

母亲夸她，闺女你是我的骄傲。然后立马给桃花的大舅、小姨、外公外婆打去电话，沙哑着嗓子说："桃花这个死丫头……考上了！"

男人夸她，老婆你是我的骄傲。然后立马给朋友、同学和爷爷、奶奶打去电话，激动地说："我媳妇，我那个笨媳妇……没错……考上啦！"

桃花什么也没做，手机关机，走进卫生间，关上门，坐在马桶盖上，双手撑着脖子做沉思状，坐着坐着便睡着了，被男人抱进卧室都不知道。

她整整睡了一天一夜。

研究生毕业后，她又考取了国外名校，攻读博士学位。

男人去单位辞职，领导问他："今后有什么打算？"他骄傲地说："我要陪我老婆去国外读博士了，我不仅是陪读家属，而且我也考上了国外的研究生，我们两口子要一起出去看看。"

那段日子里，桃花是痴狂的，是不顾一切的，是邋遢的，是劳累的，是兴奋的，是不知疲倦的。她的头发有时凌乱飞舞，她的衣袖有时沾满油渍，她的眼睛有时干涩生疼，她的嘴唇有时脱皮苍白，她的手指有时粗糙迟缓……但这些都不重要，重要的是此时妆容精致、开朗大方、事业有成的她，回想起过往，却说那个时候的自己最可爱、最任性、最拼也最美。

因为她曾为了一个心中的想法，付出了百分之二百的力气，每一秒都无比认真地对待。

一句"再不疯狂你就老了，没有回忆可以祭奠了"的歌声，突然闯进我的耳朵里。我试问自己："时至今日你做过最疯狂的事情是什么？”我除了摇头，竟无言以对。

今后的日子里，我也要疯狂一次。

只要不觉得自己老了，每个人的诺言就有被救赎的那一天。

战胜恐惧，人生无所不能

商界的朋友大宁早已是事业上的女强人，她最近跟我分享她创业的不易。

当她决定从工厂里出来，去看看外面的世界时，同事们七嘴八舌地讥笑她还太年轻，想法太多。

“你这是不成熟的表现。把当日的活做完，当月的活做好，每月准点领工资，不愁吃喝多好。”

“女孩子早晚要嫁人，你长得不错，肯定能寻个不错的主儿，别想太多，安安稳稳地在这儿待着，多好！”

“对啊，你现在辞职了，没个正经工作，将来找对象都是个大问题。”

大宁没听劝，走的那天，谁也没来送她，她也没有回头。

她开服装店时，只身一人从河北去广州进货，舍不得买卧铺，只买硬座。没票的时候，她就在两节车厢间站着，随身带个小马扎，坐累了站起来，站起来也不敢走远，担心好不容易从广州背回来的货被人偷走，担心遇到心怀不轨的人。她不敢喝水，不敢吃水果，不敢睡觉，钱放在缝着口袋的内衣里。每次出门她都提前三天把亲人朋友的电话号码背得滚瓜烂熟，生怕东西都丢了，自己却不知道电话打给谁。

我问她："那么远，你一个人去不害怕吗？"

她说："怕，怎么不怕呢？与陌生人说话，身子有时都发抖。有一次，我跟一个40来岁的男人坐在一起，我坐在临窗的位置，男人在外面。他总是有意无意把右手背到他后背摸来摸去，好几次都碰到了我。我时刻警惕着，色狼、小偷、人贩子，他要是下一步再不老实，我该怎么办？"

男人下车前，向大宁提到自己腰上有旧伤，长时间坐着不舒服，很疼，总想去揉揉，让大宁多担待。得知大宁一个人去广州进货。男人还把几个在广州做服装生意的朋友的联系方式给了她，说一个女孩子不容易，出门在外，有朋友帮忙好办事，有需要尽管去找他们，他们都是热心肠。

大宁说："我当时脸都红了，我还把人家想成坏人，哎！真是不应该。"

大宁做服装生意这几年也被人骗过，明明订好的货、看好的样品，发过来就变成了次品，再去找，对方死活不认，还出口伤人，甚至想动手。大宁说，有好几次手机都被对方夺走了，连报警的机会都没有。

害怕被人骗，害怕货款不结，害怕合作有陷阱，害怕竞争伙伴私下使绊，害怕一个人走夜路胡同里再冒出醉鬼。

“生意失败的那一年里，特害怕屋外的敲门声，担心房东会闯进来，把拖欠房租的自己给扔出去。”

她永远记得那几个晚上，门口的敲门声是几声，她记得那个大醉鬼在门口扯袖子的样子，她记得被骗货款的零头是几元几角，她记得合同陷阱中的“定金”和“订金”的区别是什么……

她不想被别人主宰命运，自小就喜欢服装设计的她，专门去报了服装设计培训班，课上请教老师，课下细心琢磨，不分昼夜地练习。5年的时间，她愣是建立了自己的服装品牌，招募了几名不错的服装设计师，生意越做越大，名头也越来越响。

事业看似顺风顺水，但她心里的弦一直绷紧着，什么时候都不敢松懈，学习、参观、请教、琢磨、设计、跑市场、推销、收货款，周而复始。当遭遇恶性竞争的时候，她的员工走了大半，剩下的也是人心涣散，在最难的时候，她宁肯把手头的基金、股票、房子低价卖了，也要保证给员工们发工资。“诚信”二字，她看得比什么都重。

她曾经担心、害怕的东西，都在走过的成长道路上，给了她启迪和鞭策。她化压力为动力，奋勇向前，她只想看看未来是不是会亏待自己，付出的努力最终会换来惊艳的质变，还是不堪的落寞。

她也曾失望过，因为别人的不信任；她痛苦过，因为别人的不理解。她小心翼翼过，她大刀阔斧过，她瞻前顾后过，她孤注一掷过。

如今，她不再惧怕任何风波。

生活中，她遭遇老公背叛，女儿患重病，可她从未向生活弯腰妥协。

她扛着别人的万般非议，毅然搬出那个所谓的“家”。女儿在监护室里昏迷不醒，她硬扛了3天，不眠不休。

她说：“我们总是把记忆切割成无数个小块，说这一块是快乐，那一块是痛苦；这一块是过错，那一块是遗憾。也把自己切割成了无数个小块的自己，给予心理暗示。当面对同样事情或相似场景时做出心理暗示，成为应该成为的那个样子。”

“可我是完整的，不是一面玻璃，拿一块砖头敲碎，跟别人说，瞧见了吗？我残缺不全，我心碎了，我多可怜。在这个世界上，根本没有可怜人，只有不思进取的可恨之人。可恨是因为你只想沉浸在痛楚中，而不是在痛楚中学习如何去认识战斗，如何去迎接战斗。”

不战而败，不是我的性格。

大宁自始至终从未放弃战斗，当她成为事业上的女强人，生活中的女强人时，她说自己最深的体会不是得到了金钱，而是得到了一颗不再恐惧的心。

“再残酷的现实出现，我都不会害怕。”

印度国宝级演员阿米尔•汗主演的电影《摔跤吧！爸爸》，相信朋友们都看过吧。其中有个片段，父亲第一次带着两个女儿去参加摔跤比赛，负责接待的人一听是给女孩子报名，质问道：“女孩子怎么可以摔跤？”

在印度，女人是没有社会地位的，只能早早嫁人，洗衣、做饭，带孩子，过完一生。

其实父亲的两个女儿也曾经这样认为，但在参加好友的婚礼时，出嫁的准新娘说的一段话让她们理解了父亲的良苦用心，明白了父亲为了她们的未来，为她们背负了太多舆论压力。表面看，父亲是为了让女儿替他完成自己的梦想，但他也同样为无法摆脱命运桎梏的孩子们开辟了一条全新的道路——只要能成为优秀的女子摔跤手，你就能破解命运的符咒。

大女儿芭比塔虽然是第一次走进男子摔跤场地，但她却挑选了一个最厉害的男选手。

他的父亲对质疑她的裁判说了一句话：“人最大的恐惧就是恐惧本身，我女儿已经战胜了，不是吗？”

只要勇敢地出场，就代表自己已经战胜了心魔，找到了恐惧本身的软肋，并势必能击垮它。

谁的心里没有一个恐惧的角落，在那个角落里，我们懦弱过，逃跑过，甚至怨天尤人过。但是恐惧如影相随，无处不在。

美国历史上的四星上将乔治•史密斯•巴顿也曾郑重地表示过：“如果勇敢便是没有畏惧，那么我从来不曾见过一个勇敢的人。”

可见，恐惧的威力有多大。

唯有战胜恐惧本身，我们才能变得强大起来，获得前所未有的爆发力和战斗力。

李安在拍摄完《少年派的奇幻漂流》后，说过这样一段话："每人心中都卧虎藏龙，这只虎是人的恐惧，它不能说话，搞不定，威胁你，但心头这一只虎，却让你保持精神上的警觉，激发你全部的生命力与之共存。"

这句话让我更深刻地领悟到拥有恐惧真好，勇敢面对自己的恐惧真好。哪怕它变成一只猛兽，张开血盆大口，时不时朝我发出要吃掉自己的威胁，我依然可以勇敢地对自己说："我斗不了天，斗不过地，还斗不过自己？哈哈，我用一辈子跟你较量，看谁输谁赢。"

战胜恐惧，人生将无所不能。

一生加速，只为可以选择慢下来的生活

在《朗读者》某期以“选择”为主题词的节目中，董卿动容地说道：“生活还是毁灭，这是一个永恒的选择题，以至于到最后我们成为什么样的人，可能不在于我们的能力，而在于我们的选择。选择无处不在，面朝大海春暖花开是海子的选择，人不是生来被打败的是海明威的选择……”

我的远方亲戚朱姐就选择了先快速奔跑，然后再慢下来的生活方式，这是属于她的选择，对新生活的选择，对孝道的选择。

母亲最近去参加亲戚家小孩的婚礼，在人群外面看到穿着极为朴素的朱姐。她自顾自地摸摸墙脚睡觉小猫的头，然后摘一个樱桃，双手搓搓，随手放进嘴里。听见羊圈里的小羊羔咩咩叫着，她又急忙跑过去，学着叫起来，转身离开的时候，长头发被小羊咬在嘴里，她面露惊喜地笑着，大笑着。

母亲回来跟我聊起朱姐，提到那天很多喜欢嚼舌根的妇人嗑着瓜子，聚成一团，小声议论她。大家的观点都出奇的一致，说朱姐肯定是在北京混不下去了，瞧瞧她穿的那个样子，还是从首都回来的呢，哪点像。有人说，没准被老公甩了，回来散心来了。其他人立刻随声附和，对，对，肯定是，当年她非要嫁给一个穷小子，活该受罪，不听老人言吃亏在眼前！

母亲不无疑惑地说："朱朱好歹也是见过世面的，听她妈说房子、车子、票子都不缺，怎么就穿得那么朴素？听她妈说，那是朱朱陪着老妈从市场上买来的十五元一尺的棉布做的，说穿着心里舒坦，人不拘谨，感觉就像回到了从前。对了，她还一口的家乡话，跟我们聊天都不带打磕绊，我们说的老家土话她都还记得。只是在拿起电话的那一刻，她的脸色瞬间严肃起来，接打电话全部又是普通话，那身衣服配在她的身上，感觉特别的不搭……"

朱姐一直是我敬佩的人，30岁放弃优越的工作，把房子卖了，跟着姐夫一起去北京读全日制研究生，毕业后两人都留在北京，姐夫找了一个相对安稳的工作，朱姐去律师事务所当律师。毕业5年后，朱姐与朋友合伙新开了家律师事务所，生意出奇的好。

朱姐一家在北京落户，买房，买车。孩子上重点小学的那几年，朱姐负责的几个大官司都打赢了，在报纸上都有报道，影响力很大，家里人都为她骄傲。

这次她回来，说什么我也要见上她一面，跟她多聊聊。

我特意问朱姐："选择这种生活方式姐夫同意吗？他对慢生活

是怎么理解的？”

她说了这样一番话：

“最初你姐夫是反对的，当我提出孝道和儿女的责任，提到陪伴时，他无话可说，大家都是善良、懂孝道之人，自然能明白彼此的心意。

“我现在明白了，一生加速，只为有权力选择可以慢下来的生活。慢不是懒散，不是松懈，不是故步自封，它只是一种生活状态的选择。此次回来，老妈说要给我做四季的衣服，虽然款式老点，但尺寸老妈看一眼就能八九不离十，很多地方她还会手工缝制，带着老花镜一针一线，特别认真。我坐在矮矮的板凳上，老妈坐在床沿上，我给她捶着那双老寒腿。她问我何时离开，如果太忙就赶紧去忙事情。我告诉她不急。老妈说你累了吧！去睡个午觉吧，要注意身体。

“注意身体，本来应该是女儿对父母要说的话，反过来，感觉自己好无地自容。我出门在外，父母总是牵肠挂肚，一句‘照顾好自己’，会让我哽咽在喉，强压的酸涩不敢让别人看到，连擦掉眼泪的动作都得偷偷摸摸。

“虽然我自己是负责人，但我讨厌那种高强度，理智到有点绝情的工作环境。商场竞争激烈，让我变得越来越谨小慎微，一丝的差错都不能犯，不敢犯。

“我累了，想慢慢生活，慢慢工作，慢慢看风景，慢慢陪在老人身边，她不走我不动，我的步子总会比他们慢半拍，就像小时候拽着他们衣角的样子。”

朱姐把公司事务安排好后，给自己放了两个月的长假。她用一个月的时间带着孩子陪在老家父母的身边，陪着他们在家唠嗑；陪着他们去串亲戚，吃喜宴；陪着他们去赶乡集，讨价还价；陪着他们给老羊剪羊毛，给小羊喂青草；陪着他们穿粗布衣服，骑自行车；陪着他们听戏匣子，听评书……

5岁的儿子最喜欢看《爸爸去哪儿》，总说外婆家的风景比电视上还美，比电视上还有趣。确实如此，在外婆家小住的儿子虽然晒黑了，但壮了，长高了，而且交了好多新朋友。

有一天晚上，儿子搂着朱姐的脖子说：“妈妈我爱你。”

第二天，朱姐站在忙碌的父母身后，大气都不敢出，卡在嗓子眼的“爸爸妈妈我爱你们”的话就是说不出口，她怕说这样的话，会吓到老人。

最后，朱姐跟老人说：“爸妈你们辛苦了，以后我每年都会抽出比较长的时间来陪你们。”两位老人的眼睛潮湿了，转过身子，不说话。

时间真的慢了下来，好像每一秒都变慢了，从8点15分39秒到8点16分00秒，21秒的时间，朱姐能准确说出自己的呼吸声有多少下，老人肩膀抖动的次数是多少下，小猫跳到土炕上睡着前摇晃尾巴是多少下，风吹过窗帘飘起的动作是多少下……

很多人都在选择慢下来的生活，有的选择四处旅游，看遍大江南北；有的选择学习绘画、舞蹈、摄影、瑜伽等；有的选择尽可能多地陪在父母身边，过一过父母现在的生活。

一起去菜园浇水、施肥，再寻几根树枝，用麻绳捆起来，给豆角、黄瓜、西红柿搭个小架子。

一起熬银耳莲子粥，先把银耳泡发，洗净、掰开，剩下的水不用父母多说，自然会倒进阳台的花盆里。何时开大火，何时拧成小火，粥需要怎样搅拌，火候怎样，都不用父母多指挥，老人就在一边站着，看着就行。心中的温暖，就如锅里的气泡咕嘟咕嘟冒着，一人一碗，吃它一个意犹未尽，酣畅淋漓。

真的，不论走多远，请适当选择一个长足的时间，能闲下来回家。

所谓“回家”，龙应台早说过：“母亲要回的‘家’，不是任何一个有邮递区号、邮差找得到的家，她要回的‘家’，不是空间，而是一段时光。”

我们都是爸妈的儿女，也是孩子的爹娘。时光不老，人会老，岁月无声，人有言。时光是有穿透力的，既可回忆也可走近，当我们可以抓住的时候，请记住千万别用回忆疗伤，疗伤只是手段不是解药。

我有一次回老家，看到一位老人故去，村口出殡，那个远在外地的儿子哭得那叫一个悲痛啊！眼泪鼻涕混在脸上，擦掉又冒出来，比海水涨潮还快。大泥坑、黑水洼、碎石堆，还有混杂着枯草和蜗牛壳的黄土地，都有他一路跪过的痕迹。他早已忘记了老家祖坟的位置，可这一次父亲睡下的地方，他闭着眼都能找到。

两个壮汉才能拽起瘫坐在地上哭泣的儿子，可他并未得到太多人的同情。

围观的乡里人都说：“三年都不回来看一次老人，总说自己忙，你忙挣钱有什么用，老人无福消受，如果老人健在时，你多抽出一点时间来看看老人，比什么都好，真是一个傻儿子啊！”

我们都傻过，这种剔骨削肉的痛我们都体会过，架在脖子上的刀进一寸有进一寸的血肉模糊，再痛再求饶也没用，血不会倒流，生命不能重来。

这样的悲情不值得怜悯，也不值得推崇。选择陪伴，选择慢下来，选择在加速的过程中，懂得如何把握轻重缓急，这才是一个成熟的人应该做的。

生活死机，你还可以重启

三天前，晚上10点，我的手机收到一条来自小薇的微信语音留言。

打扰您了，首先说明一点，我这条语音不是群发的，我是经过朋友推荐添加的您，非常感谢您也添加我为朋友，这段语音估计会有40秒的时间，先说一句抱歉，耽搁您宝贵的时间。

我是一个单亲妈妈，因为热爱服装设计，本着为朋友们设计贴心、舒适、个性化的服饰的想法，我创建了自己的服装品牌——"时光"，希望您有时间的时候，可以打开我发送的二维码，里面是我的音乐相册，有我的设计作品。

如果您感兴趣，并能初步认可我的话，麻烦帮我转发朋友圈，不胜感激。同时希望您能来我的小店做客，提出宝贵的意见，对此小薇不胜感激。

我不假思索地把她的二维码发到我的朋友圈，源于我对这位单亲妈妈自主创业的支持。

不一会儿，我又接到了一条语音留言。

谢谢您的分享，为了表达我诚挚的谢意，您可以带着一件旧衣服，到我的小店来做客，我可以为您免费改造旧衣，期待您的光临。

小薇把店铺定位图发我，我跟她约好时间，周末时带了一件款式过时的长裤子前往。

那是一间很温馨的小屋，进门处悬挂着一串玻璃风铃，风一过，风铃就想拽住风的衣裳，亲昵地窃窃私语。

我到的时候，前面已有三位姑娘在等候。这时门外进来一位七八岁模样、穿着校服的瘦弱小姑娘，她从书包里拿出一件皱巴巴的类似睡衣的宽松衣服，抱在怀里，在柜台前转了一圈后，悄然站到我身后。

我有点纳闷，问她："小姑娘，你也来找店主姐姐给自己改造衣服吗？"我指着她手里的衣服问。

她说："不是，是为了我妈妈。"

"我弟弟身体一直不好，爸爸妈妈为了给弟弟治病，花了好多钱，没有钱给自己买新衣服，我想在妈妈生日的时候送她一件礼物，可我也没钱，不知道送什么好。知道姐姐好心，可以改造旧衣服，我就想让姐姐帮我变个魔术，把这件妈妈的旧衣服变成一件漂亮的新衣服。"小姑娘说完有点害羞，脸红红的。

我让小姑娘站在我前面，还帮她轻轻拍了拍她校服后背上的土。小姑娘甜甜一笑说：“谢谢阿姨。”

轮到小姑娘时，小薇询问完事情经过，笑靥如花地说：“我会给衣服染色，会让衣服上变出特别漂亮的花纹，不信我们可以来试试？”

小薇让小姑娘闭上眼等一分钟。

我看见小薇朝我比画了一个“嘘”的小动作，然后蹑手蹑脚地离开座位，进到里屋。只见她拿出一条漂亮的裙子，剪刀飞舞，把衣服的袖口和领子一并剪掉，等手中的连衣裙变成和小姑娘带来的那件衣服同样的款式后，才唤她睁眼。

之后的半个小时，小薇改造完成了一件漂亮大方、款式时尚的连衣裙，并且额外又搭配了一条细细的橘黄色腰带。

小姑娘高兴地喊小薇为“魔术师姐姐”，抱着她送给妈妈的礼物，蹦蹦跳跳地离开了。

我不解地问她：“为什么这样做？”

小薇从里屋拿出小女孩带来的衣服，轻轻一扯，布料立即裂开一道大口子。她叹了口气，缓缓说道：“实在没办法给她的妈妈裁剪成一件新衣服，我看得出这个孩子很乖巧，很孝顺，能帮一把是一把，不是吗？再说既然我能帮孩子完成心愿，干吗要推脱。我也是母亲的孩子，也会成为孩子的母亲。”

我有点感动，在这个年轻姑娘的面前，我忽然觉得自己很渺小。

一个下雨天，我竟然在一个十字路口遇到了穿着那条“改造后”的连衣裙的妇人。她骑着自行车，自行车的后座上坐着她可爱的女儿。女儿左手搂着妈妈的腰，脸贴在妈妈的后背上，小小的雨伞，孩子大半给妈妈撑着，而自己的后背早已淋湿了一大片。这个画面我似曾相识。

最近遇到很多糟心事，让我对未来的生活产生了质疑。

某天，半夜睡不着，我无意间翻看了小薇的朋友圈，发现里面展示了很多她旧衣改造的作品，图片都有对比，改造前是寻常旧衣，改造后是时尚新款。

她在图片后配上了一句话，让我感触颇多。

她说：“我不是每一次都有灵感，但我每一次都很认真。希望我改造的衣服越来越好，配你最好。生活死机，你还可以重启。爱不泯灭，生活就会美好。”

小薇在挽留衣服带给人的美好，小女孩在挽留岁月带给妈妈的美丽，这是一个需要被挽留的时代，一个处处都有挽留机会的社会。每一次挽留我们都是认真的，虽略带伤感，但更多的是美好。

是美好，就值得我们纪念。

这个世界很大，我们的记忆很少，少到一转身，就能把这个世界带给我们的感动统统忘掉。曾经抓住的东西未必能在手心攥太久，稍不留神就会散落。例如，一位久不联系的故人，一桩尘封许久的心事，一个久未达成的愿望。

如果有一天我们再次与他们相遇，我们还能唤出他们的名字，还能说出心事的缘由、愿望的内容，就说明当时的我们是虔诚的，是真挚的，是坦荡的。再相遇，自然会有诸多人和事缝补我们在人生路上遭遇坎坷的心，自然会有人为我们搭一顶帐篷，点起篝火。

生活死机，你还可以重启。美好现身，你也可以盛装赴宴。

我们还来得及认真地年轻，认真地守护幸福

杨绛先生自始至终都是一个有年轻梦，心中有爱之人。

她年轻时读到英国传记作家概括的最理想的婚姻，“我见到她之前，从未想到要结婚；我娶了她几十年，从未后悔娶她；也未想过要娶别的女人。”立马念给丈夫钱钟书听，他当即说，“我和他一样”，杨绛轻轻回答，“我也一样”。

因为是你，一切都变得有了意义；因为是你，这一切的意义都有了开始。

两人相濡以沫，相敬如宾，历经磨难，却谁也没有怀疑过爱情，质疑过婚姻。

后来，他们有了爱女钱瑗。

怎奈1997年，被杨绛称为“我平生唯一杰作”的爱女去世。一年后，钱钟书病危临走前，有一眼未合好，杨绛俯身在他耳边小声说：“你放心，有我！”

“钟书逃走了，我也想逃走，但是逃到哪里去呢？我压根儿不能逃，得留在人世间，打扫现场，尽我应尽的责任。”杨绛先生在心爱的女儿和爱人离开的岁月里，生活得忙碌、充实。

有人劝她注意身体，毕竟年纪大了，可她永不服老，总认为自己很年轻，还可以再奋斗10年、20年。她特别注意照顾自己的身体，坚持每天在家里慢走，90多岁还能弯腰手碰到地面，腿脚也很灵活。

她每天认真整理爱人的文稿，记录与亲人的情感，《我们仨》感动了无数人。

余华在《细雨中呼喊》中说道：“死亡不是失去生命，而是走出了时间。”走出生命应该告别，可走出时间却能不朽。

在我心里，杨绛先生不服老的精神便能不朽，她一直在认真地年轻，认真地爱。

认真地年轻是一种精神、一种意志、一种在生命历程中时刻保持学习力、拼搏力、战斗力的意志；认真地爱是一种情怀，一种诉求，一种在生老病死、噩梦循环中保持坚强心、勇敢心、淡泊心的情怀。

她一直在守护心中的幸福感，不露声色，敢与日月争辉。

认真地年轻是守护自己幸福的前提，唯有心态年轻了，才能与变幻无常的现实抗衡。

德裔美籍华人塞缪尔•厄尔曼70多年前写过一篇只有400多字的

短文《年轻》，影响了各个年龄段的人。美国的麦克阿瑟将军在指挥太平洋战争期间，办公桌上始终摆着装有短文《年轻》复印件的镜框，在谈话和开会中也常常引用文中的词句。松下公司的创始人松下幸之助也说过：“多年来，《年轻》始终是我的座右铭。”

作者在文中写道：

“……年轻是心灵中的一种状态，是头脑中的一个意念，是理性思维中的创造潜力，是情感活动中的一股勃勃的朝气，是人生深处的一缕东风。

“年轻，意味着甘愿放弃温馨浪漫的爱情去闯荡生活，意味着超越羞涩、怯懦和欲望的胆识与气质。而60岁的男人可能比20岁的小伙子更多地拥有这种胆识与气质。没有人仅仅因为时光的流逝而变得衰老，只是随着理想的毁灭，人类才出现了老人。

“岁月可以在皮肤上留下皱纹，却无法为灵魂刻上一丝痕迹。忧虑、恐惧、缺乏自信才使人佝偻于时间尘埃之中。

“无论是60岁还是16岁，每个人都会被未来所吸引，都会对人生竞争中的欢乐怀着孩子般无穷无尽的渴望。

……

“千万不要动不动就说自己老了，错误引导自己！年轻就是力量，有梦就有未来！”

三毛说：“我来不及认真地年轻，待明白过来，只能选择认真地老去。”难道果真如此?

三毛曾跟她姐姐表明：“姐，我比你多活了十辈子。”这句话太激励人了，谁能说三毛没有认真地年轻，她不仅认真地年轻过，而且还认真地深爱过这个世界，深爱着自己的爱人，深爱着身边的人。

此时年轻的我们，还有什么理由说自己不敢，自己怕输呢?

因为热爱生活，因为热爱这片土地，因为热爱亲人朋友，因为热爱自己这具还能热血沸腾的躯体和不老的灵魂，不管我们遇到什么困境，都能以年轻的心态勇敢地反击，练就绝地逢生的本领。

年轻是一种心态，幸福是一种自我感知。

告诉自己，我们还来得及认真地年轻，守护自己的幸福，不辜负春花秋月，不辜负高堂明镜，不辜负鸿鹄之志。

你的骄傲你留着，你的幸福你守着。谁也抢不走的东西，才会永远属于你。

例如，一颗认真地年轻、认真地爱的心。